KB202411

해피 샌드위치

The *Happy* Sandwich

해피 샌드위치

제이슨 골드스타인 지음 | 최경남 옮김

시그마북스
Sigma Books

해피 샌드위치

발행일 2022년 2월 10일 초판 1쇄 발행
지은이 제이슨 골드스타인
옮긴이 최경남
발행인 강학경
발행처 시그마북스
마케팅 정제용
에디터 최윤정, 최연정
디자인 강경희, 김문배

등록번호 제10-965호
주소 서울특별시 영등포구 양평로 22길 21 선유도코오롱디지털타워 A402호
전자우편 sigmabooks@spress.co.kr
홈페이지 http://www.sigmabooks.co.kr
전화 (02) 2062-5288~9
팩시밀리 (02) 323-4197
ISBN 979-11-6862-009-4 (13590)

* **시그마북스**는 (주)**시그마프레스**의 자매회사로 일반 단행본 전문 출판사입니다.

CONTENTS

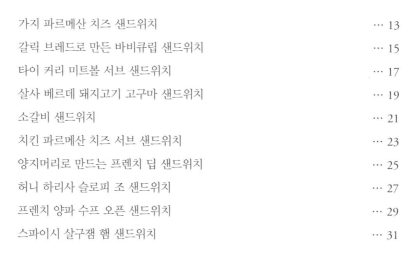

CHAPTER 1

슬로우 쿠커 샌드위치

CHAPTER 2

베이킹 시트 샌드위치

CHAPTER 3

그릴드 치즈 샌드위치

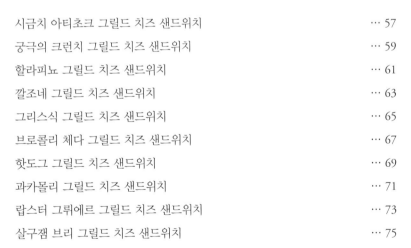

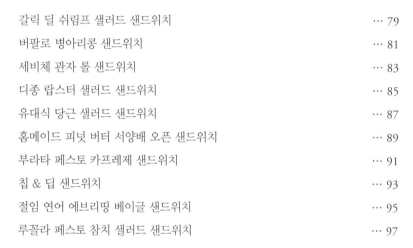

CHAPTER 4

요리가 필요 없는 샌드위치

CHAPTER 5

빵이 없는 샌드위치

CHAPTER 6

소스와 드레싱

①

슬로우 쿠커
샌드위치

슬로우 쿠커는 우리의 개인 요리사이자 인생 코치라 할 수 있다. 우리가 직장에서 바쁠 때 우리를 대신해 요리를 해줄 뿐만 아니라 우리 자신을 돌볼 수 있도록 우리에게 더 많은 시간을 남겨주기 때문이다!

가지 파르메산 치즈 샌드위치

샌드위치 5개 분량

재료

꽉꽉 채울 속재료!

가지(큰 것) 1개

후추 1작은술

엑스트라 버진 올리브 오일 3큰술

소금 1작은술

리코타 치즈 ½컵

마늘 2쪽

바질 10장

오레가노 1작은술

파슬리 1줌

레드 페퍼 플레이크 ½작은술

달걀 1개

빵가루 2컵

파르메산 치즈(강판에 간다) ½컵

토마토 소스(선호하는 것으로) 2컵

모차렐라 치즈(작은 큐브 모양) 450g

마무리 재료!

사워도우 빵 슬라이스 10장

토마토 소스(선호하는 것으로) 1컵

파르메산 치즈(강판에 간다) ¼컵

바질(다진다) 4~5장

이 레시피는 엄마인 골드스타인 여사에게 바친다. 엄마는 일주일에 한 번 정도는 우리가 생각할 수 있는 가장 많은 치즈를 듬뿍 넣은 음식을 먹게 해 주셨다. 이 샌드위치는 즐거운 시간을 보내기 위해 주말까지 기다릴 필요도 없다는 것을 가르쳐 주었다!

만드는 법

1 가지를 2.5cm 크기로 자른다.

2 팬에 가지, 후추, 올리브 오일, 소금을 넣고 중불에 올린다. 가지에 갈색이 나고 부드 럽게 될 때까지 약 3분간 익힌다. 한켠에 두고 식힌다(약 10분).

3 2의 가지, 리코타 치즈, 마늘, 바질, 오레가노, 파슬리, 레드 페퍼 플레이크, 달걀, 빵 가루, 파르메산 치즈 ½컵, 소금을 푸드 프로세서 볼에 넣는다.

4 재료가 서로 섞일 때까지, 그리고 가지가 잘게 남아 있는 걸쭉한 페이스트가 될 때 까지 펄스 모드로 끊어가며 푸드 프로세서를 돌린다. 참고: 이 믹스는 걸쭉하긴 해 도 물기가 있다.

5 슬로우 쿠커에 알루미늄 호일을 깔고 4의 가지 믹스를 넣는다. 호일을 이용해 믹스 를 빵 덩어리 모양으로 빚는다.

6 5의 가지 믹스 덩이 위에 토마토 소스 2컵을 붓는다.

7 소스 위에 모차렐라 치즈를 올리고 뚜껑을 덮어 저온으로 8시간 동안 조리한다.

8 조리가 끝나면 파르메산 치즈와 다진 바질을 더 올린다.

9 8의 가지 믹스 덩이를 두껍게 잘라 사워도우 빵 한 조각 위에 올린다. 그 위에 토마 토 소스와 파르메산 치즈를 올린다. 나머지 사워도우 빵 한 조각으로 덮어 마무리하 면 맛있게 즐길 준비가 끝난다!

남았다면 이렇게 지퍼백에 넣으면 6개월간 냉동 보관할 수 있다! 먹을 때는 냉장고에서 하룻밤 동안 해동하거나 치킨 육수 ¼컵과 함께 언 채로 슬로우 쿠커에 넣어 6시간 동안 저 온으로 조리하면 된다.

꿀팁!

팬에서 굽는 것은 생략해도 된다! 슬로우 쿠커에서 등 갈비를 조리하면 손을 훨씬 덜 수 있고, 전통적인 방법 에서 사용되는 많은 단계를 건너뛸 수 있다! 완벽하고 맛있는 등갈비를 만들려면 슬로우 쿠커 측면에 등갈비 를 붙여서 넣으면 되는데, 이렇게 함으로써 고기의 겉 부분은 구워지고 바닥의 액체를 통해서는 찌는 효과를 낼 수 있다. 이러한 방법을 사용하면 갈비를 슬로우 쿠 커에서 꺼낸 후 팬에서 굽는 단계를 생략할 수 있다.

갈릭 브레드로 만든 바비큐립 샌드위치

재료

【슬로우 쿠커 돼지고기 바비큐립】

꽉꽉 채울 속재료!

소금 1작은술

후추 1작은술

갈릭 파우더 1작은술

돼지 바비큐립(통으로 된 것) 1짝

바비큐 소스(조리하지 않은 것,
   125쪽 소스와 드레싱 참조) 1컵

마무리 재료!

올드 스쿨 15분 갈릭 브레드
   (레시피는 아래 참조)

피클(슬라이스) 15개

【올드 스쿨 15분 갈릭 브레드】

무염 버터(녹인다) 110g(1스틱)

말린 오레가노 1작은술

갈릭 파우더 1작은술

레드 페퍼 플레이크 ½작은술

소금 1작은술

후추 1작은술

바게트 1덩이

생 파슬리(다진다) 1줌

만드는 법

【슬로우 쿠커 돼지고기 바비큐립】

1 바비큐립의 양면에 소금, 후추, 갈릭 파우더를 뿌린다.

2 바비큐 소스 1컵 중 절반을 바비큐립의 양면에 듬뿍 바른다.

3 바비큐립을 슬로우 쿠커의 측면에 닿도록 하면서 넣는다. 그런 다음 남은 바비큐 소스를 바비큐립의 위에 붓는다.

4 저온으로 6시간 동안 익힌다.

5 다 익으면 고기가 한 덩어리를 유지할 수 있도록 조심해서 뼈를 뽑아낸다.

6 고기를 갈릭 브레드 절반에 올리고 그 위에 피클을 올린 다음, 남은 갈릭 브레드로 그 위를 덮는다.

7 샌드위치를 4조각으로 자르고 맛있게 먹는다!

【올드 스쿨 15분 갈릭 브레드】

1 오븐을 175℃로 예열한다.

2 버터, 오레가노, 갈릭 파우더, 레드 페퍼 플레이크, 소금, 후추를 작은 믹싱볼에 넣고 섞는다.

3 바게트를 긴 방향으로 절반으로 가르고 윗부분을 포함해 바게트의 양면에 2의 버터 믹스를 붓으로 바른다.

4 베이킹 시트에 바게트를 올리고 오븐의 제일 높은 위치에서 15분간 굽는다. 참고: 바게트가 타지 않도록 지켜보고 있어야 한다!

5 바게트가 익으면 파슬리를 뿌린다.

남았다면 이렇게 지퍼백에 넣으면 6개월간 냉동 보관할 수 있다! 먹을 때는 냉장고에서 하룻밤 동안 해동하거나 치킨 육수 ¼컵과 함께 언 채로 슬로우 쿠커에 넣어 6시간 동안 저온으로 조리하면 된다.

음식이 가장 맛있는 곳에서
　　웃음은 가장 밝게 빛난다.
　　　　　　－ 아일랜드 속담

타이 커리
미트볼 서브 샌드위치

재료

꽉꽉 채울 속재료!

코코넛 밀크 1캔(400g)

라임(즙으로) 1개

시판 레드 커리 페이스트 4큰술

소고기(다진다) 900g

민트(다진다) 1줌

고수(다진다) 1줌

마늘(곱게 다진다) 2쪽

생강(곱게 다진다) 2.5cm 한 마디

달걀 1개

빵가루 2컵

쪽파(다진다) 4개

소금 1작은술

후추 1작은술

마무리 재료!

마요네즈

서브롤빵 4개

오이(잘게 썬다) 1개

당근(가늘게 채 썬다) 1줌

만드는 법

1 코코넛 밀크, 라임즙, 레드 커리 페이스트 2큰술을 슬로우 쿠커에 넣고 섞는다.

2 큰 믹싱볼에 남은 레드 커리 페이스트와 다진 소고기, 민트, 고수, 마늘, 생강, 달걀, 빵가루, 쪽파, 소금, 후추를 넣고 잘 섞는다.

3 2의 소고기 믹스를 골프공 크기의 미트볼로 빚은 다음 1의 슬로우 쿠커에 넣는다. 준비된 소스를 숟가락으로 미트볼 위에 골고루 끼얹는다.

4 뚜껑을 덮고 저온으로 7시간 동안 익힌다.

5 조리가 끝나면 서브롤빵의 양면에 마요네즈를 듬뿍 바르고 4의 미트볼을 넣는다. 소스를 살짝 부은 다음 오이와 당근을 그 위에 얹고 맛있게 먹으면 된다!

남았다면 이렇게 슬로우 쿠커는 이 레시피에 있어 완벽한 도구라 할 수 있다. 오늘 저녁으로 먹고도 바쁜 날 또 먹을 수 있는 충분한 양을 만들 수 있다. 내가 이 미트볼을 만들 때는 절반은 바로 먹고 남은 것은 지퍼백에 넣어 냉동 보관한다. 먹기 전날 밤 냉동실에서 언 미트볼을 꺼내 두거나 언 채로 슬로우 쿠커에 넣어 저온으로 6시간 동안 조리하면 미트볼의 매력이 되살아난다!

꿀팁!

스튜용 돼지고기 구입하기! 스튜용 돼지고기
는 큰 덩어리로 된 돼지고기 앞다리살과 같다! 유
일한 차이가 있다면 정육점 주인이 작은 크기로 미
리 잘라 놓았다는 것이다. 자른 크기가 작으면 작
을수록 양념은 더 잘 밴다.

살사 베르데 돼지고기 고구마 샌드위치

재료

꽉꽉 채울 속재료!

고구마 2개

스튜용 돼지고기 1.4kg

소금 2작은술

후추 2작은술

토마티요 소스* 3컵

쪽파(다진다) 3개

고수(다진다) 1줌

라임(즙으로) 1개

마무리 재료!

서브롤빵 5개

체다 치즈 슬라이스 5장

남았다면 이렇게 돼지고기 절반은 샌드위치에 사용하고 남은 절반은 밥 위에 올려 먹는 부리토 볼로 만들어 주중 다른 날에 먹으면 된다! 남은 것은 지퍼백에 넣어두면 6개월간 냉동 보관할 수 있다. 냉장실에서 하룻밤 동안 해동하거나 치킨 육수 ¼컵과 함께 언 채로 슬로우 쿠커에 넣어 저온으로 6시간 동안 가열하면 된다.

만드는 법

1 고구마를 작은 덩어리로 자르고 스튜용 돼지고기, 소금, 후추, 토마티요 소스와 함께 슬로우 쿠커에 넣고 섞는다.

2 슬로우 쿠커의 뚜껑을 덮고 저온으로 6시간 동안 조리한다.

3 조리가 끝나면 쪽파, 고수, 라임즙을 넣는다. 그런 다음 돼지고기를 찢거나 아니면 그냥 그대로 두어도 된다.

4 슬로우 쿠커 바닥의 소스를 숟가락으로 떠서 각 서브롤빵의 양면에 올린 후 3의 돼지고기와 고구마, 체다 치즈 순으로 올린다.

슬로우 쿠커에 재료들을 미리 넣어두자! 이렇게 하는 데는 두 가지 놀라운 이유가 있다. 먼저, 냉장고에서 쿠커를 꺼내서 전원만 켜면 아침에 '자신만의 시간'을 더 가질 수 있다. 아침에 할 일이 적을수록 서두를 일도 줄어든다. 또 한 가지는, 밤새 모든 맛이 양념에 스미면서 더 맛있게 만들 수 있다. 조리 직전에 양념을 하면 육류의 겉에만 맛이 밸 것이다. 그러나 밤새 양념에 재워 두면 맛이 고기 전체에 스며든다.

---

* 토마티요 소스는 토마티요라는 열매를 주재료로 만든 소스로 마트에서 찾기는 쉽지 않으나 인터넷에서 '살사 베르데'로 검색하면 국내에서도 구입할 수 있는 경로가 있다. - 옮긴이

소갈비
샌드위치

샌드위치 5개 분량

재료

꽉꽉 채울 속재료!

소금 4작은술

후추 4작은술

소갈비 1.4kg

홀 토마토 1캔(800g)

갈릭 파우더 1작은술

꿀 1작은술

오레가노 1작은술

레드 페퍼 플레이크 ½ 작은술

생 바질(손으로 찢는다) 10장

큰 양파(다진다) 1개

당근(다진다) 2개

파슬리(다진다) 1줌

마무리 재료!

마요네즈

사워도우 빵 슬라이스(굽는다) 10장

프로볼로네 치즈 슬라이스 10장

루꼴라 1줌

피클(슬라이스) 10~15개

만드는 법

1 오븐을 205℃로 예열한다.

2 소금 3작은술과 후추 3작은술을 작은 믹싱볼에 넣고 섞는다. 이 양념 믹스를 소갈비의 양면에 문질러 바른다.

3 베이킹 시트 위에 소갈비를 올리고 오븐의 중간 랙에 넣어 15분간 또는 갈색이 날 때까지 굽는다. 이렇게 하면 기름이 주변을 엉망으로 만들지 않으면서 고기의 겉면을 강하게 구울 수 있다.

4 토마토와 갈릭 파우더, 꿀, 오레가노, 레드 페퍼 플레이크, 바질, 양파, 당근, 그리고 소금과 후추 각 1작은술을 슬로우 쿠커에 넣는다. 숟가락이나 감자 으깨기로 토마토를 부수면서 재료들을 섞는다.

5 3의 소갈비를 4의 소스 속에 앉힌다.

6 뚜껑을 덮고 저온으로 8시간 동안 익힌다.

7 갈비가 익으면 슬로우 쿠커에서 꺼내고 파슬리를 위에 올리고 잘게 찢는다.

8 구운 사워도우 빵 2조각에 마요네즈를 펴 바른다. 빵 한 조각 위에 프로볼로네 치즈 2장과 루꼴라, 피클, 7의 찢은 갈빗살을 올린다. 소갈비를 조리하면서 나온 육즙을 조금 붓고 구워둔 남은 빵을 덮는다.

남았다면 이렇게 이 고기는 지퍼백에 보관하면 3개월간 냉동 보관할 수 있다! 냉장고에서 하룻밤 동안 해동하면 된다.

고기 양념 비법! 소고기를 전체적으로 고르게 양념하는 셰프의 엄청난 비법을 하나 풀겠다! 갈비든, 스테이크든, 심지어는 닭고기든, 조리하기 전날 밤 육류에 소금을 듬뿍 치고 아무것도 덮지 않은 채 냉장고에 둔다. 이렇게 하면 소금이 육류로 침투될 시간을 줌으로써 훨씬 더 맛있는 결과물을 얻게 될 것이다!

치킨 파르메산 치즈 서브 샌드위치

샌드위치 4개 분량

재료

꽉꽉 채울 속재료!

리코타 치즈 ½컵

파르메산 치즈 슈레드 4큰술

달걀 2개

레드 페퍼 플레이크 1작은술

마늘(곱게 다진다) 3쪽

오레가노 1큰술

파슬리(다진다) 1줌

바질(다진다) 10장

소금

흑후추

닭고기(다진다) 900g

빵가루 ½컵

마리나라 소스(선호하는 것으로) 2병

마무리 재료!

서브롤빵 4개

모차렐라 치즈 슈레드 450g

만드는 법

1 큰 믹싱볼에 리코타 치즈, 파르메산 치즈, 달걀, 레드 페퍼 플레이크, 마늘, 오레가노, 파슬리, 바질을 넣고, 여기에 소금과 흑후추를 각각 한 꼬집씩 넣고 잘 섞는다.

2 1에 닭고기와 빵가루, 그리고 소금과 흑후추를 각각 넉넉하게 한 꼬집씩 더 넣는다. 모든 재료가 고루 혼합될 때까지 잘 섞는다.

3 2를 골프공 크기의 미트볼 모양으로 빚어 한쪽에 둔다.

4 마리나라 소스 한 병을 슬로우 쿠커에 붓는다. 최대한 많이 들어가도록 3의 미트볼을 서로 바짝 붙여서 소스 속에 넣는다.

5 나머지 한 병의 마리나라 소스 중 절반을 미트볼 위에 붓는다.

6 남은 미트볼을 소스 위에 한 층으로 배열해서 넣은 후 남은 소스를 미트볼 위에 붓는다.

7 슬로우 쿠커의 뚜껑을 닫고 저온으로 4시간 동안 조리한다.

8 미트볼이 다 되면 오븐을 260℃로 예열한다.

9 각각의 서브롤빵 위에 미트볼을 놓고 익힌 소스와 모차렐라 치즈를 그 위에 올린 다음 빵의 윗부분으로 덮는다. 치즈가 보글거릴 때까지 오븐에서 굽는다.

남았다면 이렇게 미트볼은 지퍼백에 넣어서 얼리면 6개월간 보관할 수 있다! 냉장실에서 하룻밤 동안 해동하거나 마리나라 소스를 조금 추가해 슬로우 쿠커에 같이 넣고 저온으로 6시간 동안 가열하면 된다.

언제나 육즙 가득한 미트볼을! 미트볼 믹스에 리코타 치즈를 넣으면 육즙이 가득한 기가 막힌 미트볼을 확실하게 만들 수 있다. 리코타 치즈가 녹아 들기 때문에 빵가루를 우유에 담가 적시는 기존의 단계를 생략할 수 있다.

음식에 대한 사랑보다
더 진실된 사랑은 없다.

– 조지 버나드 쇼

양지머리로 만드는 프렌치 딥 샌드위치

재료

꽉꽉 채울 속재료!

오레가노 2큰술

소금 2작은술

후추 2작은술

소고기 양지머리 900g

큰 양파(잘게 썬다) 2개

큰 당근(잘게 썬다) 2개

양파 수프 믹스 2팩

버섯(얇게 썬다) 2컵

마무리 재료!

마요네즈

서브롤빵 5개

페퍼잭 치즈 슬라이스 10장

파슬리(다진다) 1줌

남았다면 이렇게 남은 고기는 작게 잘라서 달걀 몇 개와 함께 프라이팬에서 구우면, 다음 날 아침으로 먹을 수 있는 응용판 스테이크 앤 에그가 된다! 이렇게 만든 육류는 지퍼백에 넣어 얼리면 최대 6개월간 보관할 수 있다. 냉장실에서 밤새 해동하거나 치킨 육수 ¼컵과 함께 언 채로 슬로우 쿠커에 넣어 저온에서 6시간 동안 가열하면 된다.

이 샌드위치는 내가 어릴 때 엄마 골드스타인 여사가 만들어 주던 레시피 버전이다. 엄마는 양지머리를 알루미늄 호일로 만든 뚜껑으로 덮어 몇 시간 동안 익혔는데 1시간 간격으로 육즙을 끼얹어주었다. 나는 이 레시피를 바쁜 날에도 만들 수 있도록 좀 더 쉽게 바꾸었다. 슬로우 쿠커를 사용해 조리 버튼을 누르고 그냥 잊어버리면 되는 것이다!

만드는 법

1 오레가노, 소금, 후추를 함께 섞어 양지머리의 양면에 두드려 묻힌다.

2 잘게 썬 양파와 당근의 절반, 양파 수프 믹스 한 팩, 소금과 후추 각각 한 꼬집을 슬로우 쿠커에 넣고 골고루 잘 섞는다.

3 남은 양파 수프 믹스 팩을 1의 양지머리의 양면에 문질러 바른 후 이 양지머리를 슬로우 쿠커에 넣는다.

4 양지머리 위에 나머지 양파와 당근, 그리고 버섯을 올리고 소금과 후추를 각각 한 꼬집씩 뿌린다.

5 뚜껑을 덮고 저온에서 6시간 동안 익힌다.

6 조리가 끝나면 호일로 덮어 20분간 휴지시킨다. 이렇게 하면 고기의 육즙을 가둘 수 있다. 그런 다음 고기 결의 반대 방향으로 (육류의 결이 흐르는 방향과 반대로) 자른다.

7 슬로우 쿠커에 있는 육수를 작은 그릇에 부어 찍어 먹을 수 있도록 준비한다.

8 각각의 서브롤빵 안쪽에 마요네즈를 바르고 페퍼잭 치즈 2장을 올린 후 양지머리를 얇게 썰어 올리고 파슬리를 살짝 뿌려 마무리한다.

9 샌드위치를 육수에 찍어서 먹으면 된다!

허니 하리사
슬로피 조 샌드위치

샌드위치 4개 분량

재료

꽉꽉 채울 속재료!

닭고기(다진 것) 900g

쪽파(다진다) 3개

적양파(다진다) 1개

마늘(다진다) 3쪽

생강(강판에 간다) 1큰술

토마토 페이스트 2큰술

다이스트 토마토 1캔(약 400g)

소금 1작은술

후추 1작은술

하리사 페이스트* 4큰술

시금치 1컵 + 2줌

꿀 3큰술

페타 치즈(부순다) ½컵

마무리 재료!

마요네즈

햄버거 번(굽는다) 4개

시금치 1줌

페타 치즈(부순다)

만드는 법

1 닭고기, 쪽파, 적양파, 마늘, 생강, 토마토 페이스트, 다이스트 토마토, 소금, 후추, 하리사 페이스트 2큰술, 시금치 1컵을 슬로우 쿠커에 넣는다. 잘 섞어준다.

2 뚜껑을 덮고 저온에서 6시간 동안 조리한다.

3 조리가 다 되면 꿀, 페타 치즈, 하리사 페이스트 2큰술, 시금치 2줌을 슬로우 쿠커에 넣는다. 모든 것을 함께 섞는다.

4 햄버거 번의 위와 아래 모두에 마요네즈를 듬뿍 바른다.

5 햄버거 번의 아랫면에 시금치를 살짝 올리고 3의 슬로피 조 믹스를 크게 떠서 올린 다음 페타 치즈로 마무리 한다. 햄버거 번을 덮고 맛있게 먹는다!

남았다면 이렇게 지퍼백에 넣으면 6개월간 냉동 보관할 수 있다! 냉장고에서 하룻밤 동안 해동하거나 치킨 육수 ¼컵과 함께 언 채로 슬로우 쿠커에 넣어 6시간 동안 저온으로 조리하면 된다.

닭고기 비법! 지방 함량이 높은 다진 닭고기를 사용하라. 이는 보통 연한 색 살코기와 짙은 색 살코기를 혼합하는 것을 의미하는데 이렇게 하면 육즙이 더 풍부해진다.

---

* 고추를 주재료로 만드는 중동의 고추 양념으로, 국내에서 구하는 것이 어렵다. 맛의 특징은 전혀 비슷하지 않으나 고추로 만든 소스라는 점에서 고추장이나 스리라차 핫소스를 대신 사용해도 된다. 하리사의 맛과 비슷하게 맞추고자 할 경우 큐민 가루, 코리앤더 가루를 약간씩 추가하면 조금 더 하리사에 가까운 맛을 낼 수 있다. - 옮긴이

프렌치 양파 수프
오픈 샌드위치

재료

꽉꽉 채울 속재료!

양파(얇게 썬다) 1.4kg

타임(다진다) 1큰술

마늘(으깬다) 2쪽

황설탕 2큰술

버터 2큰술

발사믹 식초 1작은술

소금 1작은술

후추 1작은술

마무리 재료!

디종 머스타드 4큰술

사워도우 빵 슬라이스 4장

쪽파(다진다) 3개

그뤼에르 치즈(강판에 간다) 2컵

타임(다진다) 2작은술

이 레시피는 나의 아빠에게 바친다. 엄마는 아빠가 얼마나 프렌치 양파 수프를 좋아했는지를 종종 이야기하셨다. 엄마의 말에 따르면 마침내 아빠가 프랑스로 여행을 갔을 때 아침, 점심, 저녁으로 이 수프를 주문했다고 한다!

만드는 법

1 양파, 타임, 마늘, 황설탕, 버터, 발사믹 식초, 소금, 후추를 슬로우 쿠커에 넣고 섞어준다.

2 뚜껑을 닫고 저온으로 10시간 동안 조리한다.

3 다 조리되면 오븐을 260℃로 예열한다.

4 사워도우 빵의 각 면에 디종 머스터드를 펴 바르고 베이킹 시트 위에 올린다.

5 2를 사워도우 빵 위에 수북하게 더미로 올린다.

6 쪽파, 치즈 가득, 타임 약간을 그 위에 올린다.

7 오븐의 맨 위에 있는 선반에 넣고 치즈가 녹을 때까지 1~2분간 둔다. 맛있게 먹으면 된다!

남았다면 이렇게 지퍼백에 넣어두면 6개월간 냉동 보관할 수 있다! 냉장고에서 하룻밤 동안 해동하거나 치킨 육수 ¼컵과 함께 언 채로 슬로우 쿠커에 넣어 6시간 동안 저온으로 조리하면 된다.

스파이시 살구잼 햄 샌드위치

샌드위치 8개 분량

재료

꽉꽉 채울 속재료!

살구잼 또는 오렌지잼 ½컵

매운 꿀 3큰술(또는 꿀 3큰술과
　　스리라차 소스 1작은술)

통 햄*(얇게 썬다) 3~7kg

마무리 재료!

마요네즈

흰 식빵 16장

스위스 치즈 슬라이스 16장

남았다면 이렇게 이 햄은 정신없이 바쁜 주중 저녁으로 완벽한 식사다! 잔뜩 남은 햄으로 훌륭한 해시, 파스타, 또는 점심용 샌드위치를 만들 수 있다. 이 햄은 지퍼백에 넣어두면 6개월간 냉동 보관할 수 있다. 냉장고에서 하룻밤 동안 해동하거나 치킨 육수 ¼컵과 함께 언 채로 슬로우 쿠커에 넣어 6시간 동안 저온으로 조리하면 된다.

이 레시피는 내 삶의 슬로건, 그러니까 주방에서의 간소함과 삶에서의 간소함을 드러내 보여준다. 말 그대로 세 가지 재료만 슬로우 쿠커에 들어가는데 그게 전부다! 하루를 보내는 동안 때때로 우리는 일들을 지나치게 복잡하게 만든다. 이런 일이 생기면 삶의 요소들을 간소화하려고 노력해보자. 우리에게 진정으로 감사한 것들이 무엇인지를 보게 될 것이다!

만드는 법

1 잼과 꿀을 작은 믹싱볼에 넣고 섞는다.

2 1을 햄에 전체적으로 펴 바른다.

3 햄을 슬로우 쿠커에 넣고 6시간 30분 동안 저온으로 조리한다.**

4 조리가 끝나면 소스를 햄에 끼얹는다.

5 위, 아래 식빵 모두에 마요네즈를 펴 바른다.

6 아래쪽 식빵 위에 스위스 치즈 한 장을 올리고 그 위에 햄을 여러 장 올린다.

7 치즈를 또 한 장 올리고 나머지 식빵 한 장으로 덮는다.

레시피 비법! 이미 조리가 된 햄을 사용하면 햄을 속까지 완전히 익히는 것을 신경 쓰지 않아도 된다.

---

* 추수감사절, 크리스마스 등에 메인 요리로 자주 등장하는 서구의 통 햄은 크기가 매우 큰 것이 주로 유통되지만, 우리나라에서 판매되는 것은 1kg 정도의 작은 크기가 대부분이다. 오프라인 마트에서는 구하기가 쉽지 않으나 인터넷에서 수제 델리햄으로 검색하면 1kg 정도 크기로 판매되는 제품들이 있다. 서구와는 달리 국내에서 판매되는 햄은 모두 익힌 것이다. - 옮긴이

** 이는 조리가 되지 않은 햄을 기준으로 한 것으로 국내에서 판매되는 햄은 대부분 익힌 것이고 크기도 훨씬 작으므로 조리 시간을 크게 단축해야 한다. - 옮긴이

2

베이킹 시트
샌드위치

베이킹 시트에서 전부 요리하면 설거지거리는 줄
어들고, 가족과 함께 보낼 수 있는 시간은 늘어난
다! 다음 데이트를 할 때 할 만한 재미있는 아이
디어가 하나 있다. 포크 두 개만 들고 TV를 보면
서 베이킹 시트에서 바로 먹는 것이다!

멕시칸 치킨 소시지 파프리카 서브 샌드위치

재료

꽉꽉 채울 속재료!

붉은색 파프리카(길고 가늘게 썬다) 1개

오렌지색 파프리카(길고 가늘게 썬다) 1개

할라피뇨(씨는 빼고, 길고 가늘게 썬다) 1개

큰 양파(얇게 썬다) 1개

갈릭 파우더 1작은술

치폴레 고추가 든 아도보 소스 2작은술

소금 1작은술

후추 1작은술

엑스트라 버진 올리브 오일 3큰술

훈제 치킨 소시지 8개

라임(즙으로) 1개

고수(다진다) 1줌

마무리 재료!

루꼴라 페스토(126쪽 소스와 드레싱 참조)

서브롤빵 4개

만드는 법

1 오븐은 205℃로 예열한다.

2 파프리카, 할라피뇨, 양파, 갈릭 파우더, 아도보 소스, 소금, 후추, 올리브 오일을 베이킹 시트 위에서 섞는다.

3 소시지를 2의 채소와 섞으면서 양념을 골고루 묻힌 후 채소 위에 오게 한다.

4 20분 동안 오븐에서 굽는데 중간에 한 번 소시지를 뒤집는다.

5 다 구워지면 소시지 위에 라임즙을 짜고 고수를 뿌린다.

6 서브롤빵에 루꼴라 페스토를 듬뿍 바르고 소시지와 채소를 채워 넣은 후 맛있게 먹는다!

레시피 꿀팁! 이미 익힌 소시지를 사용하면 조리 시간을 20~30분 단축할 수 있어 우리에게 더 많은 여유 시간이 생긴다. 게다가 소시지의 속이 이미 익었기 때문에 겉의 캐러멜화가 더 잘 되고 더 바삭바삭하게 구워진다.

오븐에 구운
바삭한 새우 샌드위치

재료

꽉꽉 채울 속재료!

큰 새우(껍질을 깐다) 450g

밀가루 1컵

달걀 2개

리츠 크래커(부순다) 1컵

소금 6작은술

후추 6작은술

오레가노 3작은술

갈릭 파우더 3작은술

레몬(즙으로) ½개

마무리 재료!

서브롤빵 4개

골드스타인 여사의 러시안 드레싱
  (123쪽 소스와 드레싱 참조)

양상추(가늘게 썬다) ½컵

토마토(얇게 썬다)

만드는 법

1 오븐은 205℃로 예열하고 오일 스프레이로 베이킹 시트 위에 기름을 뿌린다.

2 새우를 소금과 후추로 간한다.

3 밀가루, 달걀, 부순 크래커를 각각 별도의 접시에 담는다. 각 접시에 소금 2작은술, 후추 2작은술, 오레가노 1작은술, 갈릭 파우더 1작은술씩을 더한다.

4 각각의 새우에 밀가루를 묻힌 후 달걀에 담갔다가 크래커를 묻힌다.

5 새우를 베이킹 시트 위에 올리고 손을 대지 않고 오일 스프레이로 기름을 뿌린다.

6 5~6분간 구운 후 한 번 뒤집어 주고 스프레이를 다시 뿌린다. 5~6분 더 굽는다.

7 소금과 레몬즙을 각각 약간씩 뿌린다.

8 서브롤빵에 러시안 드레싱을 듬뿍 바르고 토마토, 양상추, 새우를 그 위에 올린다.

조미의 대가가 되자! 많은 공을 들이지 않고도 재빠르게 간과 풍미를 더해주는 방법을 찾는 것이 언제나 핵심이다. 나는 리츠 크래커를 사용하는데 이 크래커는 이미 버터와 짭조름한 풍미가 엄청나게 들어 있기 때문이다. 맛이 풍부할수록 주방에서의 성공이 더욱 피부에 와 닿을 것이다!

뉴욕 치즈 스테이크 샌드위치

재료

꽉꽉 채울 속재료!

쪽파(적당히 자른다) 4개

적양파(큰 것, 얇게 썬다) 1개

갈릭 파우더 1작은술

엑스트라 버진 올리브 오일 5큰술

소금 2작은술

후추 2작은술

스테이크 시즈닝(선호하는 것으로) 1큰술

450g 뉴욕 스트립 스테이크 1덩이, 약 2.5cm 두께

마무리 재료!

서브롤빵(반으로 가른다) 2개

엑스트라 크리미 홈메이드 마요네즈 (128쪽 소스와 드레싱 참조)

루꼴라 1컵

블루치즈(큰 덩어리로 자른다) 115g

이 레시피를 나의 남편 톰에게 바친다! 그의 생일에 나와 톰, 엄마가 함께 뉴욕 스테이크 하우스에 간 적이 있는데, 그것은 톰의 첫 뉴욕 스테이크였다. 육즙과 버터 향이 가득한 커다란 스테이크를 먹을 때 그의 얼굴에 번지던 표정을 절대 잊을 수 없을 것이다. 그것은 미식의 무아지경이었다!

만드는 법

1 오븐을 260℃로 예열한다.

2 쪽파, 적양파, 갈릭 파우더, 올리브 오일 3큰술, 소금 1작은술, 후추 1작은술을 베이킹 시트에 올린다. 이 재료들을 서로 섞어 베이킹 시트의 한쪽에 넓게 편다.

3 작은 믹싱볼에 스테이크 시즈닝, 올리브 오일 2큰술, 소금 1작은술, 후추 1작은술을 넣고 서로 섞어 스테이크의 양면에 뿌린다. 스테이크를 베이킹 시트의 깨끗한 면에 올린다.

4 베이킹 시트를 오븐의 맨 윗 선반에 올리고 미디엄 레어로 익히려면 4분간 구운 후 스테이크를 뒤집어 4분 더 굽는다(미디엄의 경우 각 면당 5~6분간 굽는다). 오븐에서 스테이크를 꺼내고 (육즙이 고기 속에 머무르도록 하기 위해) 10분간 휴지시킨 후 자른다.

5 서브롤빵의 양면에 마요네즈를 듬뿍 바른다. 아래쪽 서브롤빵에 루꼴라를 올린 후 스테이크 몇 조각과 양파, 마지막으로 블루치즈 몇 조각을 올린다. 서브롤빵의 윗면으로 덮어 맛있게 먹는다!

 레시피 팁! 드라이 에이징 맛을 집에서 내려면 하룻밤 전에 스테이크에 소금을 넉넉하게 뿌린다. 접시에 놓인 스테이크에 아무것도 덮지 않고 냉장고에 하룻밤 둔다. 이렇게 하면 소금이 소고기에 전체적으로 침투하면서 수분이 빠져 나간다. 아무것도 덮지 않으면 공기가 스테이크 주변으로 순환하면서 소금이 고기 속으로 스며들게 해준다.

타코 치킨 샐러드 샌드위치

재료

꽉꽉 채울 속재료!

올리브 오일 3큰술

소금 2작은술

후추 2작은술

혼합 칠리 시즈닝 또는 타코 시즈닝 4작은술

닭가슴살(큰 것) 4개

시판 피코 데 가요* 2컵

쪽파(다진다) 3개

라임(즙으로) 1개

엑스트라 크리미 홈메이드 마요네즈 (128쪽 소스와 드레싱 참조) 3큰술

마무리 재료!

크로와상(반으로 가른다) 4개

엑스트라 크리미 홈메이드 마요네즈

얇게 썬 토마토 4개

페퍼잭 치즈 슬라이스 4장

만드는 법

1 오븐을 190℃로 예열한다.

2 작은 믹싱볼에 오일, 소금, 후추, 칠리 시즈닝 3작은술을 넣고 섞는다.

3 닭가슴살에 2를 골고루 바르고 베이킹 시트 위에 올려 35분간 오븐에서 굽는다. 참고: 닭가슴살은 서로 떨어뜨려 놓아야 하는데 이렇게 해야 찌는 것이 아니라 굽는 것이 된다.

4 닭가슴살을 식힌 후 잘게 찢는다.

5 믹싱볼에 피코 데 가요, 쪽파, 라임즙, 마요네즈 3큰술, 칠리 시즈닝 1작은술, 소금, 후추 각 한 꼬집씩을 넣고 섞는다.

6 5의 드레싱에 닭가슴살을 넣고 섞는다.

7 마요네즈를 잔뜩 바른 크로와상 아래쪽에 6의 닭가슴살을 올리고 그 위에 토마토와 페퍼잭 치즈 한 장을 올린 다음 위쪽 크로와상을 덮는다.

 조리 팁! 살사, 토마티요 소스, 마리나라 소스 그리고 타코 시즈닝은 모두 시판하는 병에 든 것을 써도 아무 문제가 없다. 우리의 수고를 훨씬 덜어주고 주방에서 일하는 시간을 줄이는 걸 도와준다!

---

* 피코 데 가요는 멕시코식 토마토 살사로 다진 토마토, 양파, 할라피뇨, 고수, 라임즙, 소금, 후추 등을 섞어서 만든다. 국내에서는 시판 제품이 없으므로 직접 만들어 사용하면 된다. - 옮긴이

베이킹 시트
베이컨 패티 버거

샌드위치 4개 분

재료

냉동 프렌치 프라이 1봉지

꽉꽉 채울 속재료!

생 베이컨 5줄

소고기(다진 것) 900g

소금 1작은술

후추 1작은술

마무리 재료!

버거 소스(125쪽 소스와 드레싱 참조)

체다 치즈 슬라이스 4장

상추

적양파(얇게 썬다)

토마토(얇게 썬다)

버거번 4개

나는 이걸 나의 '큰 꿈' 버거라고 부른다. 〈굿모닝 아메리카〉라는 TV 프로그램에서 로빈 로버츠와 함께 이 버거를 그릴 버전으로 만든 적이 있다. 그것은 정말 놀라운 경험이었고 무엇이든 가능하다는 것을 나에게 가르쳐주었다. 꿈은 크게 가져라. 우리의 꿈이 현실이 될 수 있기 때문에!

만드는 법

1 오븐을 예열하고 포장지에 적힌 대로 프렌치 프라이를 조리한다. 버거를 만드는 동안 따뜻하게 유지하기 위해 프렌치 프라이에 소금을 뿌리고 알루미늄 호일로 감싸 한쪽에 둔다.

2 필요시 오븐의 온도를 205℃로 바꾼다.

3 베이컨을 푸드 프로세서나 블렌더에 넣고 페이스트 형태가 될 때까지 펄스 모드로 분쇄한다.

4 큰 믹싱볼에 3의 베이컨, 소고기, 소금, 후추를 넣고 섞은 후 패티 4개를 만든다.

5 4의 패티를 베이킹 시트에 올리고 올리브 오일을 뿌린다.

6 10분간 익힌 후 뒤집고 미디엄 레어를 원할 경우 5분 더, 미디엄을 원할 경우 7분 더 굽는다.

7 각각의 버거번 사이에 패티와 버거 소스 약간, 체다 치즈, 상추, 적양파, 토마토를 넣는다. 프렌치 프라이, 케첩과 함께 담는다.

다른 모든 일보다
먹는 게 먼저다.

– M. F. K. 피셔

베이킹 시트
에그 피자 샌드위치

샌드위치 4개 분량

재료

꽉꽉 채울 속재료!

페퍼로니 슬라이스(작은 것으로) 22개

달걀 12개

생크림 ½컵

모차렐라 치즈 슈레드 1컵

레드 페퍼 플레이크 ¼작은술

갈릭 파우더 1큰술

오레가노(말린 것) 1큰술

바질(다진다) 10장

소금

후추

파르메산 치즈(강판에 간다) ½컵

방울 또는 대추 토마토(반으로 자른다)
　2컵

마무리 재료!

홈메이드 팬트리 케첩(122쪽 소스와
　드레싱 참조)

브리오슈 롤(둥근 것으로) 4개

프로볼로네 치즈 슬라이스 4장

이 샌드위치를 내 사랑 뉴욕에 바친다. 우리는 뉴욕하고도 첼시에 사는데 매일같이 나는 "나는 뉴욕을 사랑해!"라고 말하며 거리를 걷는다. 이 레시피를 만들 때 나는 정통 뉴욕 피자집에서 나오는 향기에 대해 생각했다. 피자 조각에 넉넉히 뿌려 먹는 시즈닝, 즉 갈릭 파우더, 오레가노, 레드 페퍼 시즈닝 레시피도 여기에 있다. 샌드위치 형태로 된 뉴욕 피자에 갈채를 보낸다!

만드는 법

1　오븐을 175℃로 예열하고 오일 스프레이로 큰 베이킹 시트에 기름을 뿌린다.

2　페퍼로니 슬라이스 12개를 작게 자른다.

3　믹싱볼에 2의 페퍼로니, 달걀, 생크림, 모차렐라 치즈, 레드 페퍼 플레이크, 갈릭 파우더, 오레가노, 소금 넉넉하게 한 꼬집, 후추 넉넉하게 한 꼬집, 수북하게 뜬 파르메산 치즈 5큰술을 넣고 섞는다.

4　3을 준비해둔 베이킹 시트에 붓는다. 이 위에 토마토와 남은 페퍼로니, 파르메산 치즈를 약간 더 올린다. 20분간 또는 달걀이 다 익을 때까지 굽는다.

5　4를 브리오슈 롤 크기보다 약간 더 큰 사각형으로 자른다.

6　각 브리오슈 롤 윗면과 아랫면 모두에 케첩을 바른다. 브리오슈 롤 아래쪽에 사각형으로 자른 5를 두어 개 올리고 프로볼로네 치즈 한 장을 올린 다음 브리오슈 롤 위쪽을 덮어 맛있게 먹는다!

디종 연어 샌드위치

샌드위치 4개 분량

재료

꽉꽉 채울 속재료!

연어 필레 4개

레몬(즙으로) ½개

엑스트라 버진 올리브 오일 2큰술

소금 1작은술

후추 1작은술

생 딜(다진다) 1줌

디종 허니 머스터드 4큰술(126쪽 소스
　와 드레싱 참조)

마무리 재료!

디종 허니 머스터드

치아바타 롤 4개

상추

오이(얇게 썬다)

토마토(얇게 썬다)

레몬(반으로 썬다) ½개

이 샌드위치는 빠르고 쉽게 만들 수 있고 설거지거리도 별로 남기지 않기 때문에 바쁜 주에 늘 찾게 된다. 20분이면 나 자신과 가족을 위한 기막히게 훌륭한 식사를 준비할 수 있다!

만드는 법

1　오븐을 205℃로 예열한다.

2　연어 필레를 껍질 부분이 베이킹 시트에 닿도록 올린다. 레몬즙과 올리브 오일을 연어 위에 흘려 뿌리고 소금, 후추, 딜 절반을 뿌린 다음 각각의 연어 위에 디종 허니 머스터드를 펴서 바른다.

3　15~17분간 굽는다.

4　연어가 다 익으면 남은 딜을 뿌린다.

5　디종 허니 머스터드를 각 치아바타 롤에 조금 더 펴 바르고 상추, 오이, 토마토를 올린 다음 연어 필레를 올린다. 레몬과 함께 담은 후 맛있게 먹는다!

속을 채운 버섯 버거

재료

꽉꽉 채울 속재료!

엑스트라 버진 올리브 오일 4큰술

갈릭 파우더 5작은술

소금 2작은술

후추 2작은술

포토벨로 버섯*(큰 것으로, 기둥을 제거) 4개

냉동 시금치(해동해 물기를 제거한다) 280g

생 세이지(잘게 썬다) 1큰술

빵가루 ½컵

파르메산 치즈 슈레드 4큰술

쪽파(다진다) 4개

크림치즈(부드럽게 해둔다) 225g

레드 페퍼 플레이크 ½작은술

레몬(즙으로) 1개

마무리 재료!

버거번 4개

비트 케첩(124쪽 소스와 드레싱 참조)

체다 치즈 슬라이스 4장

토마토(얇게 썬다)

만드는 법

1 오븐은 190℃로 예열한다.

2 올리브 오일, 갈릭 파우더 2작은술, 소금 1작은술, 후추 1작은술을 서로 섞는다. 이를 버섯 위에 붓고 20분간 재운다.

3 별도의 믹싱볼에 시금치, 세이지, 빵가루, 파르메산 치즈, 쪽파, 크림 치즈, 레드 페퍼 플레이크, 레몬즙, 갈릭 파우더 3작은술, 소금 1작은술, 후추 1작은술을 넣고 섞는다.

4 3을 버섯 속에 넣는다.**

5 속을 채운 버섯을 베이킹 시트에 배열하고 20분간 굽는다.

6 각각의 버거번에 비트 케첩을 넉넉히 바르고 체다 치즈 1장, 토마토, 5의 버섯을 올린다.

버섯을 재우자! 버섯을 재우는 것은 풍미를 위해서만이 아니다. 이는 식감을 바꾸기도 한다. 올리브 오일을 뿌리고 가만히 두면 버섯이 더 매끈해지면서 더 소고기 같은 맛이 난다. 나는 항상 버섯을 먼저 준비하는데 이렇게 하면 내가 다른 재료들을 준비하는 동안 재워져서 조리할 때가 되면 알맞게 준비가 되어 있다.

---

* 포토벨로 버섯은 대형 갈색 양송이 버섯으로 유럽과 북미에서 많이 사용된다. 주름이 많이 노출되어 수분이 증발하면서 맛의 밀도가 높아져 육류와 비슷한 맛과 식감을 낸다. 채식 재료로 인기가 있으나 국내에서는 구하기가 쉽지 않으므로 양송이 버섯으로 대체하면 된다. - 옮긴이

** 포토벨로 버섯이 아닌 크기가 훨씬 작은 양송이 버섯을 사용할 경우 버섯에 속을 채우는 방식보다는 버섯을 얇게 썰어 번 크기만큼 배열하고 그 위에 시금치 믹스를 올리는 방식으로 만들면 된다. - 옮긴이

바삭한 두부
샌드위치

샌드위치 4개 분량

재료

꽉꽉 채울 속재료!

두부(단단한 것으로, 물을 뺀다) 1팩
　(400~450g)

소금 4작은술

후추 4작은술

갈릭 파우더 4작은술

오레가노 4작은술

밀가루 1컵

비건 마요네즈 ½컵

빵가루 1컵

레드 페퍼 플레이크 ½작은술

마무리 재료!

톰의 스리라차 케첩(122쪽 소스와
　드레싱 참조)

햄버거 번 4개

숙성 체다 치즈 슬라이스 4장

시판 코울슬로

만드는 법

1 두부는 같은 크기로 4조각으로 자른다.

2 작은 믹싱볼에 소금, 후추, 갈릭 파우더, 오레가노를 각 1작은술씩 넣고 섞는다.

3 2의 시즈닝 믹스를 두부에 입혀 주방 작업대 위에서 30분간 재운다.

4 밀가루, 마요네즈, 빵가루를 각각 별도의 그릇에 담는다. 각 그릇에 소금, 후추, 갈릭 파우더, 오레가노를 1작은술씩 넣는다. 레드 페퍼 플레이크를 약간씩 각 그릇에 넣는다.

5 3의 두부 조각을 순서대로 밀가루, 마요네즈, 빵가루에 담근다. 두부 조각을 모두 이렇게 한 후 베이킹 시트 위에 올린다.

6 시트팬을 냉장고에 20분간 또는 하룻밤 동안 넣어둔다. 참고: 냉장고에 넣어두는 과정은 생략해도 되지만 이렇게 하면 빵가루 옷이 더 잘 붙는다.

7 오븐을 205℃로 예열한다.

8 빵가루를 입힌 두부에 오일 스프레이로 기름을 뿌리고 오븐의 중간 선반에 넣어 20분간 굽는다.

9 각 햄버거 번에 케첩을 조금 짜서 바르고 체다 치즈, 바삭한 두부를 올린 후 코울슬로를 숟가락으로 몇 번 떠서 올려 마무리 한다. 맛있게 먹는다!

두부를 구하라! 두부는 바쁜 주에 요리하기 좋은 기막히게 훌륭한 재료다. 두부는 백지 상태와 같은 재료로 매우 빠르게 익힐 수 있다. 드레싱에 재워도 되고, 팬트리에 있는 좋아하는 시즈닝을 뿌려도 되며, 오븐에서 구울 수도 있다. 빠르게 조리할 수 있는 저녁 재료＝더 많은 휴식시간이다!

베이킹 시트
그릭 피타 샌드위치

샌드위치 4개 분량

재료

꽉꽉 채울 속재료!

새우(큰 것으로, 껍질을 벗겨 내장과 꼬리
　를 제거한다) 900g

엑스트라 버진 올리브 오일
　3큰술+¼컵

갈릭 파우더 1작은술+¼작은술

오레가노 1작은술+¼작은술

소금 2작은술

오이(깍둑썰기한다) 1개

방울 토마토(반으로 썬다) 2컵

민트(다진다) 1줌

적양파(곱게 다진다) ½개

페타 치즈(부순다) 110g

칼라마타 올리브(씨를 제거해서 다진다)
　½컵

레드 와인 식초 ¼컵

후추 1작은술

마무리 재료!

피타(반으로 가른다) 2개

페타 치즈(부순다)

이 샌드위치는 남편 톰에게 바친다. 우리는 신혼여행으로 그리스에 갔다. 그리스 앞바다에서 보트를 타고 누군가가 우리에게 만들어준 새우로 만든 음식과 그릭 샐러드를 먹은 저녁은 가장 황홀한 밤이었다.

만드는 법

1 오븐을 205℃로 예열한다.

2 새우, 올리브 오일 3큰술, 갈릭 파우더 1작은술, 오레가노 1작은술, 소금 1작은술을 베이킹 시트 위에서 잘 섞는다.

3 2를 베이킹 시트 위에 넓게 펼쳐서 찜이 되지 않고 구워지도록 한다. 10분간 굽는다.

4 중간 크기의 믹싱볼에 오이, 토마토, 민트, 적양파, 페타 치즈, 올리브, 레드 와인 식초, 후추, 올리브 오일 ¼컵, 갈릭 파우더 ¼작은술, 오레가노 ¼작은술, 소금 1작은술을 넣고 잘 섞는다. 30분 또는 하룻밤 동안 재워둔다.

5 4를 각 피타빵에 넣고 새우를 채운 다음 4를 더 채워서 마무리 한다. 페타 치즈를 조금 더 뿌리고 맛있게 먹는다!

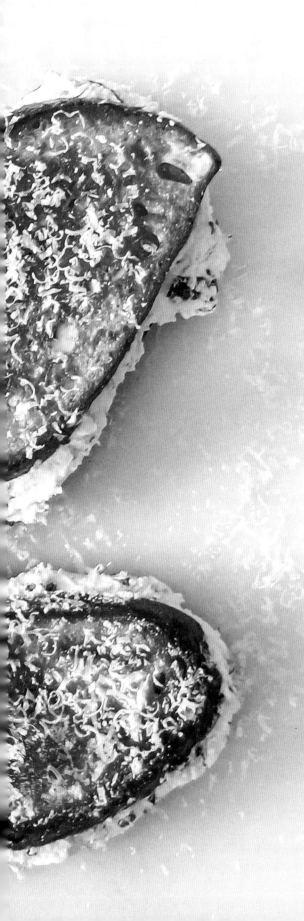

그릴드
치즈 샌드위치

그릴드 치즈는 한입 한입 베어 물 때마다 구름이 잔뜩 낀 날에 비치는 한 줄기 햇살이나 무지개와 같다. 만들기는 쉬워서 요리하는 데 대개는 4분 정도의 시간이 걸릴 뿐이지만, 긴 하루를 마친 후에 먹는 컴포트 푸드는 행복감이 들게 해준다.

"
먹는 것을 좋아하는 사람들은
항상 최고의 사람들이다. "

– 줄리아 차일드

시금치 아티초크 그릴드 치즈 샌드위치

샌드위치 4개 분량

재료

꽉꽉 채울 속재료!

냉동 시금치(해동한다) 2팩(1팩당 225g)

아티초크(물을 빼고 다진다) 1캔(400g)

숙성 체다 치즈(강판에 간다) 2컵

크림 치즈(부드럽게 해둔다) 2팩
    (1팩당 225g)

사워크림 4큰술

소금 1작은술

후추 1작은술

갈릭 파우더 1작은술

레드 페퍼 플레이크 1작은술

오레가노 1작은술

레몬(즙으로) ½개

쪽파(다진다) 3개

마무리 재료!

엑스트라 크리미 홈메이드 마요네즈
    (128쪽 소스와 드레싱 참조)

사워도우 빵 슬라이스 8장

나는 이 샌드위치 속을 일요일 저녁에 만들어서 하룻밤 동안 냉장고에 둔다. 월요일에 퇴근해서 집에 오면 샌드위치를 만들 준비가 다 된 셈이다. 이 샌드위치의 바삭한 치즈 맛은 한 주를 시작하기에 완벽하다!

만드는 법

1 큰 믹싱볼에 시금치, 아티초크, 체다 치즈, 크림 치즈, 사워크림, 소금, 후추, 갈릭 파우더, 레드 페퍼 플레이크, 오레가노, 레몬즙, 쪽파를 넣고 잘 섞는다.

2 마요네즈를 각 빵의 양면에 펴 바른다.

3 1을 사워도우 빵 4장에 골고루 분배해 올린다. 나머지 사워도우 빵으로 윗면을 덮고 달군 프라이팬에 위에 놓는다.

4 중불에서 한 면당 3분씩 굽는다.

이런 채소들을 우리 자신을 위해 잘 활용하자! 냉동 채소는 색깔과 풍미를 유지하기 위해 익히거나 데쳐서 얼린 것이다. 그리고 최고로 신선할 때 급속 냉동을 한 것이다. 시간을 엄청나게 절약해주므로 남은 자유 시간은 휴식을 취하거나 나 자신을 위해 사용할 수 있다!

궁극의 크런치
그릴드 치즈 샌드위치

샌드위치 4개 분량

재료

꽉꽉 채울 속재료!

적양파(곱게 다진다) ½개

쪽파(다진다) 4개

숙성 체다 치즈 슈레드 1컵

그뤼에르 치즈 슈레드 1컵

스위스 치즈 슈레드 1컵

마무리 재료!

엑스트라 크리미 홈메이드 마요네즈
  (128쪽 소스와 드레싱 참조)

사워도우 빵 슬라이스 8장

이 샌드위치는 엄마와 남편과 함께 갔던 런던 여행의 추억에 바친다. 우리 셋은 런던에서 내가 가장 좋아하는 곳 중 하나인 버로우 마켓에 갔다. 토스티*를 파는 가판대가 하나 있었는데, 그 토스티는 너무나 간단했지만 너무나 대단했다! 가장 놀라운 부분은 겉은 크루통처럼 바삭하고 속은 크림처럼 부드러우면서도 아삭한 식감이었다. 잘게 썬 적양파를 추가로 넣었는데, 세상에나, 그것이 이 모든 차이를 만든 것이었다! 이는 내 요리 세계에 있어 놀라운 깨달음의 순간이었다.

만드는 법

1 믹싱볼에 적양파, 쪽파, 체다 치즈, 그뤼에르 치즈, 스위스 치즈를 넣고 함께 섞는다.

2 각 사워도우 빵의 양면에 마요네즈를 펴서 바른다.

3 1을 사워도우 빵 4장에 고르게 나누어 올린다. 나머지 사워도우 빵으로 윗면을 덮고 중불에 올린 뜨거운 프라이팬에서 한 면당 3분씩 굽는다. 맛있게 먹으면 된다!

---

* toasty: 그릴드 치즈 샌드위치의 영국식 이름.

할라피뇨
그릴드 치즈 샌드위치

샌드위치 4개 분량

재료

꽉꽉 채울 속재료!

크림 치즈(부드럽게 해둔다) 450g

체다 치즈 슈레드 2컵

할라피뇨 (씨를 제거하고 곱게 다진다)
  2개

쪽파(다진다) 3개

소금 1작은술

후추 1작은술

갈릭 파우더 1작은술

레몬(즙으로) ½개

마무리 재료!

흰 식빵 슬라이스 8장

엑스트라 크리미 홈메이드 마요네즈
  (128쪽 소스와 드레싱 참조)

나는 이 샌드위치 속을 일요일 저녁에 만들어서 하룻밤 동안 냉장고에 둔다. 월요일에 퇴근해서 집에 오면 샌드위치를 만들 준비가 다 된 셈이다. 이 샌드위치의 바삭한 치즈 맛은 한 주를 시작하기에 완벽하다!

만드는 법

1 크림 치즈, 체다 치즈, 할라피뇨, 쪽파, 소금, 후추, 갈릭 파우더, 레몬즙을 함께 섞는다.

2 1을 식빵 4장에 고르게 분배한다. 남은 식빵으로 윗면을 덮는다.

3 각 식빵의 겉면에 마요네즈를 넉넉히 펴 바른다. 뜨거운 프라이팬에서 중불로 한 면당 3분씩 굽는다.

> 요리는 당신이 사랑하는 사람들에게
> 줄 수 있는 최고의 선물 중 하나다.
>
> – 아이나 가르텐

깔조네
그릴드 치즈 샌드위치

재료

꽉꽉 채울 속재료!

리코타 치즈 2컵

생 파슬리(다진다) 1줌

바질(다진다) 10장

소금 1작은술

후추 1작은술

오레가노(말린 것) ½작은술

갈릭 파우더 1작은술

레드 페퍼 플레이크 ¼작은술

엑스트라 버진 올리브 오일 4큰술

파르메산 치즈(강판에 간다) 4큰술

마무리 재료!

사워도우 빵 슬라이스 8장

엑스트라 크리미 홈메이드 마요네즈
　　(128쪽 소스와 드레싱 참조)

파르메산 치즈(강판에 간다)

마리나라 소스(선호하는 것으로) 2컵

뉴저지에서 자란 나에게 있어 깔조네는 손에 들고 먹는 파이였다! 엄마는 나에게 치즈가 줄줄 흘러 나오는 뜨거운 깔조네를 주면서 멋진 한 주를 보낸 것에 대해 보상을 해주었다. 한 주 동안 이룬 작은 성과들을 축하하면서 자신에게 저녁 간식을 대접해보자. 우리가 얼마만큼 이루어 왔는지를 기념하기 위해 큰 명절까지 기다릴 필요가 없다!

만드는 법

1　큰 믹싱볼에 리코타 치즈, 파슬리, 바질, 소금, 후추, 오레가노, 갈릭 파우더, 레드 페퍼 플레이크, 올리브 오일, 파르메산 치즈 4큰술을 넣고 섞는다.

2　1을 사워도우 빵 4장에 골고루 나누어 올리고 남은 사워도우 빵으로 그 위를 덮는다.

3　사워도우 빵 겉면에 마요네즈를 듬뿍 바른다. 중불에 올린 팬에서 한 면당 3분씩 굽는다.

4　뜨거울 때 사워도우 빵의 양면에 파르메산 치즈를 뿌린다. 따뜻한 마리나라 소스에 찍어서 맛있게 먹는다!

그리스식
그릴드 치즈 샌드위치

재료

꽉꽉 채울 속재료!

엑스트라 버진 올리브 오일 ¼컵

레몬(즙으로) 1개

후추 1작은술

오레가노 1작은술

갈릭 파우더 1작은술

레드 페퍼 플레이크 ¼작은술

페타 치즈(8조각으로 얇게 썰어 자른다)
450g

마무리 재료!

사워도우 빵 슬라이스 8장

생 딜(다진다) ½컵

오이(큰 것으로 얇게 썬다) 1개

엑스트라 크리미 홈메이드 마요네즈
(128쪽 소스와 드레싱 참조)

만드는 법

1 볼에 올리브 오일, 레몬즙, 후추, 오레가노, 갈릭 파우더, 레드 페퍼 플레이크를 넣고 섞어 비네그레트를 만든다.

2 페타 치즈를 1의 비네그레트에 담가 20분간 재운다.

3 사워도우 빵 4장에 재운 페타 치즈를 같은 양으로 나누어 올려준다. 약간의 딜과 오이 조각을 얹은 다음 남은 사워도우 빵으로 윗면을 덮는다.

4 사워도우 빵의 겉면에 마요네즈를 바른다. 중불에 달군 뜨거운 팬에서 앞뒤로 3분씩 굽는다.

페타스틱한! 페타 치즈는 기가 막히게 좋은 풍미를 준다. 본래의 짠맛과 톡 쏘는 맛이 나기 때문에 올리브 오일, 레몬즙, 후추, 오레가노, 갈릭 파우더, 레드 페퍼 플레이크에 재워두면 그 풍미가 더욱 좋아진다. 나는 심지어 샐러드에 페타 치즈를 부수어서 넣을 때도 이 방법을 사용한다. 치즈 전체에 풍미가 스며들 수 있도록 최소 20분 동안은 재워야 한다. 하룻밤 전에 미리 재워 두면 당일 저녁 준비를 더 쉽게 만들어 준다!

"요리는 궁극적인 베풂이다."

– 제이미 올리버

브로콜리 체다
그릴드 치즈 샌드위치

재료

꽉꽉 채울 속재료!

냉동 브로콜리(해동해서 잘게 썬다)
  3팩(1팩당 280g)

레드 와인 식초 1큰술

체다 치즈 슈레드 2컵

소금 1작은술

후추 1작은술

레드 페퍼 플레이크 ½작은술

마무리 재료!

엑스트라 크리미 홈메이드 마요네즈
  (128쪽 소스와 드레싱 참조)

사워도우 빵 슬라이스 8장

만드는 법

1 큰 믹싱볼에 브로콜리, 레드 와인 식초, 체다 치즈, 소금, 후추, 레드 페퍼 플레이크를 넣고 섞는다.

2 각 사워도우 빵의 양면에 마요네즈를 조금 바른다.

3 1을 사워도우 빵 4장에 골고루 나누어 올리고 나머지 사워도우 빵으로 윗면을 덮는다.

4 중불에 프라이팬을 올리고 한 면당 3분씩 굽는다. 흐트러지는 것을 방지하기 위해 구울 때 샌드위치를 살짝 눌러준다.

집에서 맛있는 식사를 즐길 수 있는 꿀팁! 만든 음식에 약간의 산미를 더해 보라. 레스토랑에서는 음식을 서빙하기 전에 일반적으로 셰프가 약간의 산을 첨가해서 음식에 활기를 준다. 나는 항상 약간의 레몬즙과 식초 한 방울, 얇은 초콜릿 한 조각은 먹구름 낀 하늘을 밝혀주는 햇살이라고 말한다.

핫도그
그릴드 치즈 샌드위치

샌드위치 4개 분량

재료

꽉꽉 채울 속재료!

옐로우 머스터드 8작은술

렐리시 ¼컵

체다 치즈 슬라이스 16장

핫도그(익혀서 세로로 길게 가운데를
　썬다) 4개

마무리 재료!

엑스트라 크리미 홈메이드 마요네즈
　(128쪽 소스와 드레싱 참조)

흰 식빵 슬라이스 4장

만드는 법

1　각 식빵의 한 쪽 면에 마요네즈를 펴 바른다.

2　마요네즈를 바른 면을 아래로 향하게 하여 프라이팬에 식빵을 올린다.

3　각 식빵에 머스터드와 렐리시를 바르고 체다 치즈를 각각 4장씩 올린 후 중불에서
　2분간 굽는다.

4　각 식빵에 핫도그를 하나씩 올리고 조심스럽게 식빵을 반으로 접어 각 면을 1분 더
　굽는다. 샌드위치의 모양을 잡기 위해 식빵을 눌러준다.

핫도그! 핫도그를 빨리 익히려면 전자레인지에 50초간 데우면 된다. 또
는 모험을 좀 하고 싶다면 그릴드 치즈 샌드위치를 만들 때 쓸 프라이팬에
서 구워도 된다. 그릴드 치즈 샌드위치를 굽기 전에 종이 타월로 팬을 닦아
내는 것만 명심하자.

과카몰리
그릴드 치즈 샌드위치

샌드위치 4개 분량

재료

꽉꽉 채울 속재료!

아보카도 3개

적양파(다진다) ¼개

할라피뇨(씨를 제거한다) 1개

고수(다진다) 1줌(또는 동량의 파슬리와
    민트로 대체 가능)

사과 식초 1큰술

라임(즙으로) 1개

소금 1작은술

후추 1작은술

갈릭 파우더 1작은술

마무리 재료!

엑스트라 크리미 홈메이드 마요네즈
    (128쪽 소스와 드레싱 참조)

사워도우 빵 슬라이스 8장

체다 치즈 슬라이스 16장

만드는 법

1 아보카도를 반으로 잘라 씨를 제거한다. 과육을 떠내서 작은 믹싱볼에 담아 으깬다.

2 적양파, 할라피뇨, 고수, 사과 식초, 라임즙, 소금, 후추, 갈릭 파우더를 작은 믹싱볼
   에 넣고 함께 섞는다.

3 2의 양파 믹스를 1의 아보카도에 합치고 잘 섞는다.

4 각 사워도우 빵의 양면에 마요네즈를 펴 바른다.

5 사워도우 빵 4장에 체다 치즈를 2장씩 올리고 3의 과카몰리를 4등분해 각각 위에
   올린다. 여기에 체다 치즈를 2장 더 올리고 나머지 사워도우 빵으로 윗면을 덮는다.

6 중불에 올린 프라이팬에서 한 면당 3분씩 굽는다.

 시트러스로 간을 해보자! 과카몰리를 더 맛있게 만들고 선명한 녹색
을 유지할 수 있는 꿀팁이 필요한가? 많은 시트러스류의 과일들이 맛과 색
에 있어 중요한 영향을 미친다! 그런데 라임이 우리가 사용할 수 있는 유일
한 시트러스 과일은 아니다. 어떤 종류든 식초를 한 방울 뿌려보자. 과카몰
리에 시트러스의 맛을 더할 뿐만 아니라 아보카도가 갈변하는 것을 방지
하는 강력한 항산화제가 되기도 한다.

"잘 먹지 않는 사람은
잘 생각할 수도,
잘 사랑할 수도, 잘 잘 수도 없다."

– 버지니아 울프

랍스터 그뤼에르
그릴드 치즈 샌드위치

재료

꽉꽉 채울 속재료!

버터(녹인다) 3큰술

디종 머스터드 1작은술

소금 1작은술

후추 1작은술

딜(다진다) 1작은술

쪽파(곱게 다진다) 2개

랍스터(익혀서 잘게 썬다) 450g

그뤼에르 치즈 슈레드 2컵

마무리 재료!

엑스트라 크리미 홈메이드 마요네즈
  (128쪽 소스와 드레싱 참조)

사워도우 빵 슬라이스 8장

만드는 법

1 버터, 디종 머스터드, 소금, 후추, 딜, 쪽파를 큰 믹싱볼에 넣고 섞는다.

2 1에 랍스터와 그뤼에르 치즈를 넣고 섞는다.

3 각 사워도우 빵 양면에 마요네즈를 넉넉하게 펴 바른다.

4 사워도우 빵 4장에 2의 랍스터 믹스를 골고루 얹고 나머지 사워도우 빵으로 윗면을 덮는다.

5 중불에 올린 프라이팬에서 한 면당 3분씩 굽는다.

살구잼 브리
그릴드 치즈 샌드위치

샌드위치 4개 분량

재료

꽉꽉 채울 속재료!

살구잼 또는 오렌지잼 8큰술

헤이즐넛(구워서 다진다) ¼컵

브리 치즈(진한 것 얇게 썬다) 1덩이

마무리 재료!

엑스트라 크리미 홈메이드 마요네즈
   (128쪽 소스와 드레싱 참조)

사워도우 빵 슬라이스 8장

삶과 마찬가지로 음식에도 균형이 필요하다. 이 레시피에 들어가는 짭짤하고 톡 쏘는 맛의 치즈는 달콤한 잼과 잘 어울린다. 이는 그릴드 치즈 샌드위치를 매우 묵직하고도 동시에 가볍게 만들어준다!

만드는 법

1   각 사워도우 빵 양면에 마요네즈를 펴 바른다.

2   각 사워도우 빵 한 면에 잼을 약간 바른 후 잼 위에 다진 헤이즐넛을 뿌린다.

3   빵 위에 브리 치즈를 사워도우 빵이 덮이도록 펼치면서 올린다. 다른 사워도우 빵으로 그 위를 덮는다.

4   중불에 올린 프라이팬에서 한 면당 3분씩 굽는다.

4

요리가 필요 없는
샌드위치

때로는 일거리가 지극히 적을 때, 심지어는 아무것도
요리할 필요가 없을 때 저녁 식사가 더 훨씬 더 행복
해질 수 있다! 요리를 하지 않는 것＝행복한 식사!

갈릭 딜 쉬림프 샐러드 샌드위치

재료

꽉꽉 채울 속재료!

마요네즈 5큰술

셀러리(곱게 다진다) 1대

적양파(다진다) ¼개

마늘(다진다) 2쪽

딜 1줌

사과 식초 1큰술

소금 1작은술

후추 1작은술

레몬(즙으로) ½개

레드 페퍼 플레이크 ¼작은술

새우(익힌다) 450g

마무리 재료!

구운 핫도그 번 4개

상추

이 레시피는 리사에게 바친다! 자신의 꿈을 향해 노력하는 동시에 좋은 친구가 되어주는 사람이 있다면, 그들에게 감사의 마음을 전하고 싶을 것이다! 이 레시피는 내가 리사를 위해 만든 리사가 가장 좋아하는 것들 중 하나로, 리사 없이는 이 책이 불가능했을 것이기에 리사에게 이 레시피를 바치고 싶다! 놀라운 사람이 되어 준 리사에게 감사한다!

만드는 법

1 큰 믹싱볼에 마요네즈, 셀러리, 적양파, 마늘, 딜, 사과 식초, 소금, 후추, 레몬즙, 레드 페퍼 플레이크를 넣고 섞는다.

2 1에 새우를 넣고 섞는다.

3 각각의 핫도그 번에 상추와 2의 새우 샐러드를 채우고 맛있게 먹는다!

요리를 위한 꿀팁! 냉동 새우는 일반 마트에서 구입하자. 해산물 전문 가게에서 구입하는 것보다 저렴하다. 냉동 새우를 찬물에 15분 동안 담갔다가 종이 타월 등으로 두드리면서 물기를 제거하면 된다. 이렇게 하면 쉽게 해동할 수 있다! 이 방법은 생새우에도 적용된다.[*]

---

* 이 내용은 한국의 실정과는 다를 수 있다. - 옮긴이

버팔로 병아리콩 샌드위치

재료

꽉꽉 채울 속재료!

병아리콩 통조림 2캔(1캔당 440g)

소금 2작은술

후추 2작은술

그릭 요거트 또는 비건 마요네즈 ½컵

갈릭 파우더 1작은술

핫소스 1큰술

사과 식초 1작은술

레몬(즙으로) ½개

적양파(다진다) ½개

셀러리(곱게 다진다) 3대

파슬리 1줌

마무리 재료!

그릭 요거트 또는 비건 마요네즈

흰 식빵 슬라이스 8장

상추

토마토(얇게 썬다)

블루 치즈(부순다)

병아리콩 샐러드는 식사용으로 미리 준비해놓기에 딱 좋은 재료다. 참치와 달리 냉장고에 하루 종일 있어도 냉장고를 나쁜 냄새로 채우지 않는다! 나는 이 샐러드를 만들 때 넉넉하게 만들어 일주일 내내 저녁으로 먹는다.

만드는 법

1 병아리콩은 소금 1작은술, 후추 1작은술과 함께 굵게 으깨 준다.

2 믹싱볼에 그릭 요거트, 갈릭 파우더, 핫소스, 사과 식초, 레몬즙, 적양파, 셀러리, 파슬리, 소금 1작은술, 후추 1작은술을 넣고 1의 병아리콩과 함께 섞는다.

3 식빵의 한 면에 그릭 요거트를 바르고 상추, 2의 병아리콩 샐러드, 토마토, 블루 치즈를 얹고 식빵으로 덮은 다음 맛있게 먹는다!

세비체 관자 롤 샌드위치

재료

꽉꽉 채울 속재료!

라임(즙으로) 2개

레몬(즙으로) 2개

할라피뇨(씨를 제거하고 다진다) 1개

딜(다진다) ½컵

오이(곱게 다진다) 1개

엑스트라 버진 올리브 오일 3큰술

적양파(다진다) ¼개

소금 1작은술

후추 1작은술

갈릭 파우더 ¼작은술

생 가리비 관자 680g

마무리 재료!

상추

핫도그 번 4개

만드는 법

1   큰 믹싱볼에 라임즙, 레몬즙, 할라피뇨, 딜, 오이, 올리브 오일, 적양파, 소금, 후추, 갈릭 파우더를 함께 넣고 섞는다.

2   1에 가리비 관자를 넣고 골고루 섞은 후 냉장고에서 4시간 동안 재운다.

3   각각의 핫도그 번에 상추를 깔고 2의 가리비 세비체를 가득 넣는다.

가리비는 이렇게 구매하자!   가리비 관자에는 물에 담근 것과 담그지 않은 것, 두 가지 종류가 있다. 물에 담근 가리비 관자는 방부 용액에 담가 둔 것으로 더 오래 간다. 물에 담그지 않은 가리비 관자는 잡은 사람에게서 바로 가져온 것이다! 달고 신선한 맛이 나기에 물에 담그지 않은 가리비 관자를 사용하는 것이 좋다. 또한 이런 가리비 관자는 화학 약품을 전혀 사용하지 않은 자연 그대로다. 슈퍼마켓에 가면 이런 관자를 구입할 수 있다. 라벨을 확인하거나 해산물 코너에 문의하면 된다.*

---

*   한국의 실정과는 조금 다르다. 한국에서는 방부 용액에 담근 관자를 거의 찾아볼 수 없다. - 옮긴이

"음식이 곧 약이고
약이 곧 음식이어야 한다."
— 히포크라테스

디종 랍스터
샐러드 샌드위치

재료

꽉꽉 채울 속재료!

레귤러 디종 머스타드 1큰술

컨트리(그레인) 디종 머스타드 1큰술

마늘(강판에 갈거나 곱게 다진다) 2쪽

레드 페퍼 플레이크 ¼작은술

레몬(즙으로) ½개

화이트 와인 식초 1큰술

엑스트라 버진 올리브 오일 ½컵

생 딜(대충 다진다) ½컵

랍스터(익힌다) 450g

셀러리(곱게 다진다) 2대

적양파(다진다) ¼개

마무리 재료!

구운 핫도그 번 4개

만드는 법

1 작은 믹싱볼에 레귤러·컨트리 디종 머스타드, 마늘, 레드 페퍼 플레이크, 레몬즙, 화이트 와인 식초, 올리브 오일, 딜을 넣고 함께 섞는다.

2 별도의 믹싱볼에 랍스터, 셀러리, 적양파, 1의 머스타드 드레싱 3~4큰술을 넣고 섞는다. 참고: 남은 드레싱은 마리네이드나 샐러드 드레싱 또는 디핑 소스로 사용하면 된다.

3 2의 랍스터 믹스를 핫도그 번에 골고루 나누어 넣고 맛있게 먹는다.

미리 준비하는 샐러드 꿀팁! 나는 항상 샐러드 재료와 드레싱을 각각 따로 준비한다. 이렇게 하면 사람들을 초대할 경우 드레싱을 미리 만들어 둘 수 있다. 또 일거리를 줄여서 주방에서 많은 시간을 보내는 대신 손님들과 함께 즐거운 시간을 보낼 수 있다.

유대식 당근 샐러드 샌드위치

재료

꽉꽉 채울 속재료!

생 파인애플 ½컵

그릭 요거트 또는 비건 마요네즈
　½컵

사과 식초 1큰술

소금 1작은술

후추 1작은술

레드 페퍼 플레이크 ½작은술

갈릭 파우더 1작은술

건포도 ½컵

당근(강판에 간다) 4컵

적양파(다진다) 1개

민트(다진다) 1줌

땅콩(볶은 것) ½컵

마무리 재료!

그릭 요거트 또는 비건 마요네즈

씨앗류를 토핑한 빵 또는
　잡곡빵 슬라이스 8장

이것은 친구나 가족을 위한 완벽한 채식 또는 비건 샌드위치다! 우선, 이 샌드위치는 3일 전에 미리 만들어 둘 수 있다. 또 한 가지는, 달콤한 당근과 크림처럼 부드러운 마요네즈가 짙고 풍부한 맛을 만들기 때문에 모든 사람들이 이 샌드위치를 좋아할 것이다!

만드는 법

1　파인애플 ¼컵을 포크나 감자 으깨기로 으깨준다. 나머지 ¼컵은 잘게 썰어 한쪽에 둔다.

2　큰 믹싱볼에 으깬 파인애플, 그릭 요거트, 사과 식초, 소금, 후추, 레드 페퍼 플레이크, 갈릭 파우더, 건포도를 넣고 섞는다.

3　2의 믹싱볼에 당근을 넣고 잘 섞는다.

4　3에 잘게 썬 파인애플, 적양파, 민트를 넣고 조심스럽게 섞는다. 두어 시간 정도 냉장고에 재워 두거나 최상의 결과를 얻으려면 하룻밤 동안 둔다.

5　4에 땅콩을 넣고 섞는다.

6　각각의 빵 한쪽 면에 그릭 요거트를 듬뿍 바른다. 4의 당근 샐러드를 넉넉히 올리고 나머지 빵으로 덮어 맛있게 먹는다!

강판으로 바로 갈자!　나는 항상 우리가 사용할 채소, 특히 당근은 강판에 갈라고 말한다. 미리 갈아 놓은 것은 수분과 향이 날아갔을 수 있다. 마트에서 통으로 된 당근을 구매하면 집에서 강판에 갈아 젖은 천으로 덮어 두면 된다. 이렇게 하면 며칠간 신선함을 유지할 수 있다.

홈메이드 피넛 버터 서양배 오픈 샌드위치

샌드위치 4개 분량

재료

꽉꽉 채울 속재료!

가염 땅콩(구운 것) 1봉지(450g)

엑스트라 버진 올리브 오일 2큰술

꿀 1큰술

시나몬 가루 1작은술

넛멕(육두구) 가루 ⅛작은술

카이엔 페퍼 ⅛작은술(옵션)

서양배 1개

레몬(즙으로) ½개

마무리 재료!

사워도우 빵 슬라이스 4장

꿀

석류알 ¼컵

민트(다진다) 1줌

가끔은 만들기가 뭔가 어려워 보여도 의외로 쉬울 수도 있다. 이는 모두 우리의 관점과 새로운 시도에 관한 문제다. 가능성은 엄청나다! 요리를 통해 이를 보여주는 훌륭한 예가 이 레시피다. 홈메이드 피넛 버터는 블렌더에 재료들만 넣으면 끝이다. 이 레시피가 우리들에게 새로운 것을 시도해볼 영감을 주기를 바란다!

만드는 법

1 땅콩을 블렌더에 넣고 모래같이 될 때까지 간다.

2 1에 올리브 오일, 꿀, 시나몬 가루, 넛멕 가루, 카이엔 페퍼도 넣고 피넛 버터의 질감이 될 때까지 갈아준다.

3 서양배는 얇게 썬다. 배에 레몬즙을 뿌리면 갈변을 예방할 수 있다.

4 각각의 사워도우 빵에 2의 피넛 버터 믹스를 듬뿍 바른다.

5 4에 얇게 썬 서양배를 올리고 꿀을 넉넉하게 흘려 뿌린 다음, 석류알을 흩뿌리고 민트를 뿌려 마무리한다. 맛있게 먹는다!

부라타 페스토
카프레제 샌드위치

샌드위치 4개 분량

이 샌드위치는 남편 톰에게 바친다. 톰은 부라타 치즈를 아주 좋아한다! 부라타 치즈가 메뉴에 있으면 항상 그 음식을 주문한다! 음식이 우리가 사랑하는 사람들을 행복하게 하는 것은 언제든 좋은 일이다. 우리가 사랑하는 이들에게 응원을 보내자!

재료

꽉꽉 채울 속재료!

엑스트라 버진 올리브 오일 ¼컵

오레가노(말린 것) ½작은술

갈릭 파우더 ½작은술

레드 페퍼 플레이크 ¼작은술

비프 스테이크 토마토*(두껍게 썬다)
 2개

부라타 치즈(중간 크기) 4덩이

마무리 재료!

브리오슈 롤(작은 것) 4개

루꼴라 페스토(126쪽 소스와 드레싱
 참조)

만드는 법

1 각 브리오슈 롤은 중간쯤에서 수평으로 잘라 반으로 나누고 잘라낸 윗부분은 따로 남겨둔다.

2 작은 믹싱볼에 올리브 오일, 오레가노, 갈릭 파우더, 레드 페퍼 플레이크를 넣고 섞는다.

3 각 브리오슈 롤의 잘라낸 단면에 붓으로 2의 올리브 오일 믹스를 바른다.

4 그 위에 토마토 슬라이스 하나를 올리고, 다시 한 번 붓으로 올리브 오일 믹스를 바른다.

5 그 위에 부라타 치즈를 한 덩이씩 올린다.

6 부라타 치즈 위에 페스토 1~2작은술을 얹고 남겨두었던 브리오슈 롤의 윗부분으로 덮어 맛있게 먹는다! 경고: 엉망진창 치즈가 가득한 즐거움이 펼쳐질 것이다!

---

* 비프 스테이크 토마토는 토마토 종류의 하나로 국내에서는 구하기 어려울 수도 있는데 개당 450g에 이를 정도로 크기가 매우 커 샌드위치나 햄버거용으로 인기가 있다. 구할 수 있는 가장 크기의 토마토로 대체하면 된다. - 옮긴이

> " 당신에게 자신의 음식을
> 준 사람들은
> 자신의 마음을 준 것이다. "
>
> – 세자르 차베스

칩 & 딥
샌드위치

재료

꽉꽉 채울 속재료!

웨이브 감자칩 1봉지

블루 치즈 딥 1컵

마무리 재료!

마요네즈

흰 식빵 슬라이스 8장

이 샌드위치는 훌륭한 나 자신을 스스로 대접하고 싶을 때 만드는 샌드위치다. 어른이 된다는 것은 많은 책임을 수반하지만 여전히 어리석고 방종하고 싶은 순간들이 항상 있다! 삶이 우리를 힘들게 할 때 감자칩을 우두둑 부수고 식빵 두 장 사이에 딥과 함께 넣어 잠시 걱정을 내려놓아 보자. 우두둑 부서지는 소리를 들으면 곧 괜찮아질 것이라는 것을 알게 될 것이다!

만드는 법

1 각각의 식빵에 마요네즈를 듬뿍 바른다.

2 식빵 4장 위에 감자칩을 가득 올린다.

3 감자칩 위로 블루 치즈 딥을 전체적으로 붓고 나머지 식빵으로 덮는다.

4 감자칩이 속에 잘 들어가도록 샌드위치를 살짝 눌러준다.

절임 연어 에브리띵 베이글 샌드위치

재료

꽉꽉 채울 속재료!

보드카 ¼컵

자연산 연어 680g

소금 ¼컵

후추 ½작은술

설탕 ⅓컵

오렌지 제스트 1개

레몬 제스트 1개

생 딜 1줌

에브리띵 베이글 시즈닝* 3큰술

마무리 재료!

파 크림치즈(부드럽게 해둔다)

베이글 4개

얇게 썬 비프스테이크 토마토 4개

딜(다진다)

적양파(다진다)

이 샌드위치는 내가 어렸을 때부터 먹던 주말 브런치였다. 아빠와 나는 오 븐에서 막 나온 갓 만든 따뜻한 베이글을 사러 베이글 가게로 종종 향했다. 이는 우리 가족만의 재미있는 전통이다! 삶을 굳건히 다지고 감사로 가득 찬 생활을 할 수 있는 완벽한 방법은 주 1회 식도락의 전통을 만드는 것이 다. 먹고, 웃고, 함께하는 것은 긴 한 주를 위한 최고의 약이다!

만드는 법

1 연어 양면에 보드카를 골고루 붓는다.

2 작은 믹싱볼에 소금, 후추, 설탕, 오렌지 제스트, 레몬 제스트를 넣고 섞는다.

3 2를 연어의 양면에 문지른다.

4 캐서롤 접시 바닥에 딜의 절반을 놓고 그 위에 연어를 올린다.

5 연어의 윗부분을 남은 딜 절반으로 덮는다.

6 접시를 랩으로 감싸서 냉장고에 3일 동안 둔다.

7 연어를 냉장고에서 꺼낸다. 물로 철저히 헹구고 종이 타월 등으로 두드려 물기를 제 거한다.

8 연어 위에 에브리띵 베이글 시즈닝을 솔솔 뿌리고 얇게 썬다.

9 베이글에 크림치즈를 바른다. 8의 절임 연어 몇 조각을 올리고 그 위에 얇게 썬 토 마토를 얹은 후 딜과 양파를 올린다.

---

* 에브리띵 베이글은 베이글 위에 여러가지 토핑 재료를 믹스한 것을 올려 구운 베이글의 한 종류로 토핑 믹스에 정해진 것은 없지만 대개는 참깨, 양귀비씨, 마늘 플레이크, 양파 플레이크, 소금, 후추 등이 들어간다. 에브리띵 베이글 시즈닝은 이러한 토핑 재료들을 미리 섞어 놓은 것으로 여러 브랜드에서 시판 제품을 내놓 고 있으나 국내에서 유통되지는 않는다. - 옮긴이

루꼴라 페스토
참치 샐러드 샌드위치

샌드위치 4개 분량

재료

꽉꽉 채울 속재료!

레몬(즙으로) ½개

루꼴라 페스토 ½컵(126쪽 소스와
　드레싱 참조)

엑스트라 크리미 홈메이드 마요네즈
　½컵(128쪽 소스와 드레싱 참조)

참치 통조림(물기를 뺀다) 2캔(1캔당 약
　140g)

적양파(곱게 다진다) ¼개

마무리 재료!

엑스트라 크리미 홈메이드 마요네즈

흰 식빵 슬라이스 8장

얇게 썬 토마토 4개

만드는 법

1　큰 믹싱볼에 레몬즙, 페스토, 마요네즈를 넣고 섞는다.

2　여기에 참치와 적양파를 넣는다.

3　냉장고에 몇 시간 또는 하룻밤 동안 넣어 둔다.

4　각각의 식빵에 마요네즈를 듬뿍 바르고 그 위에 3의 참치샐러드를 올린다. 얇게 썬
　토마토를 올리고 나머지 빵으로 윗면을 덮은 후 맛있게 먹는다!

 레몬, 레몬, 레몬!　참치를 맛있게 만드는 비결은 바로 레몬! 나는 재료
를 모두 섞은 후 그 위에 레몬즙을 듬뿍 짜 넣는 것을 좋아한다. 참치는 짠
맛이 날 수 있는데, 레몬은 음식에 활기를 더하는, 흐린 날의 한 줄기 햇살
과도 같다!

5

빵이 없는
샌드위치

빵을 대신할 재미있는 재료들로 몇 가지 쉽고 간단한
샌드위치를 만들어보자!

다이어트 음식을 먹을 수 있는
유일한 시간은 스테이크가
익기를 기다리는 시간뿐이다. "
– 줄리아 차일드

감자 라트케 샌드위치

샌드위치 4개 분량

재료

꽉꽉 채울 속재료!

얇게 썬 칠면조 450g

마무리 재료!

으깬 감자 라트케(아래 레시피 참조)
  또는 시판 라트케 8개

골드스타인 여사의 러시안 드레싱
  (123쪽 소스와 드레싱 참조)

스위스 치즈 슬라이스 4장

시판 코울슬로 1컵

으깬 감자 라트케*

유콘 골드 감자**(반으로 자른다) 1.4kg

마늘(다진다) 4쪽

치킨 육수 4컵

소금 2작은술

차이브(다진다) 기호에 따라 적당량

버터 3큰술

쪽파(다진다) 4개

후추 1작은술

달걀 1개

식물성 기름 3큰술

나는 엄마보다 라트케를 더 맛있게 만드는 사람을 본 적이 없다! 엄마가 만든 라트케는 최고로 맛있기는 하지만 만드는 데 하루가 꼬박 걸린다. 그래서 나는 대신 으깬 감자로 만든다. 버터 같은 유콘 골드 감자를 사용하기 때문에 껍질을 벗길 필요가 없다. 아래에 있는 나의 레시피를 따라 하거나 좋아하는 으깬 감자를 구입해서 6번부터 시작해도 된다. 또는 시판 라트케를 구입해서 11번 단계로 바로 가도 된다. 나는 그저 주방에서 좀 더 편하게 일함으로써 가족과 더 많은 시간을 보내는 것을 좋아할 뿐이다!

만드는 법

1 냄비에 감자와 마늘, 치킨 육수, 소금 1작은술을 넣는다.

2 1을 센불로 한 번 끓였다가 15분간 계속해서 끓여 감자를 익힌다.

3 감자가 칼이 쉽게 들어갈 정도로 부드러워지면 물을 뺀다.

4 감자를 다시 냄비에 다시 담고 차이브를 넣고 잘 으깬다.

5 감자가 다 으깨지면 버터, 쪽파, 후추, 소금 1작은술을 넣는다. 골고루 섞은 후 감자를 식힌다.

6 식으면 감자에 달걀을 넣고 섞는다.

7 이 감자 믹스로 동일한 크기의 패티 8개를 만든다.

8 코팅 프라이팬에 기름을 붓고 중불에서 가열한다.

9 몇 번에 나누어 패티를 뜨거운 기름에 넣는다. 한 면당 대략 2분간 튀긴다.

10 프라이팬에서 건져 키친 타월로 기름기를 제거하고 뜨거울 때 소금을 뿌린다!

11 10의 라트케 위에 러시안 드레싱을 얹은 후 칠면조와 스위스 치즈 1장을 올리고 코울슬로를 듬뿍 떠서 올린다.

12 러시안 드레싱을 더 뿌린 다음 나머지 라트케를 얹어 맛있게 먹는다!

---

*   latke: 유대인들의 음식으로 감자채를 뭉쳐서 구워 만든 것. - 옮긴이

** 유콘 골드 감자는 북미에서 흔히 찾아볼 수 있는 감자 품종의 하나로 국내에서는 유통되지 않는다. 속이 노랗고 점성이 있는 감자로 분류되나 광범위한 용도로 사용된다. 껍질이 얇은 편으로 껍질을 벗기지 않고 사용하는 경우가 많다. 국내의 마트에서는 품종별로 감자를 분류해 판매하는 경우가 드물기 때문에 쉽게 구할 수 있는 일반 감자를 사용하면 된다. - 옮긴이

새우 상추
오픈 샌드위치

재료

꽉꽉 채울 속재료!

생새우(껍질을 벗기고 내장과 꼬리를
　제거한다) 680g

소금 1작은술

후추 1작은술

딜 1줌

마늘(다진다) 1쪽

쪽파(다진다) 2개

레드 페퍼 플레이크 ½작은술

오레가노 1작은술

달걀 1개

빵가루 ½컵

페타 치즈(부순다) ¼컵

레몬(즙으로) 1개

마요네즈 4큰술

마무리 재료!

로메인 상추 잎(큰 것. 컵 모양으로
　자른다)

페타 치즈(부순다)

만드는 법

1　푸드 프로세서에 새우, 소금, 후추, 딜, 마늘, 쪽파, 레드 페퍼 플레이크, 오레가노, 달
　갈, 빵가루, 페타 치즈, 레몬즙 절반을 넣고 돌린다. 덩어리가 씹힐 정도의 반죽이 되
　도록 펄스 모드로 끊어가며 돌린다.

2　작은 믹싱볼에 마요네즈, 남은 레몬즙 절반, 소금 한 꼬집, 후추 한 꼬집을 넣고 함께
　섞어 한쪽에 둔다.

3　1의 새우 믹스로 패티 4개를 만든다. 기름을 두른 프라이팬을 중불에 올리고 패티를
　중간중간 뒤집어가며 5분 정도 굽는다.

4　3의 패티를 상추 컵에 올린 후 페타 치즈를 얹고 2의 드레싱을 살짝 뿌려 맛있게 먹
　는다!

 전날 밤에 미리 만들어 두자!　새우 버거는 미리 만들어 두기 딱 좋은
식사 아이템이다. 전날 밤 믹싱볼에 레몬을 제외한 모든 재료를 섞는데 레
몬은 먹을 준비가 되었을 때 넣고 섞어야 한다(이렇게 하지 않으면 시트러스가 새
우를 익히기 시작할 것이다!). 퇴근 후 집에 와서 할 일은 패티를 만들고 5분간
익히는 게 전부로 이로써 저녁 준비는 끝이다!

뉴욕 피클 샌드위치

재료

꽉꽉 채울 속재료!

패스트라미 225g

마무리 재료!

피클(매우 큰 것, 길게 반으로 썬다) 4개

골드스타인 여사의 러시안 드레싱
  (123쪽 소스와 드레싱 참조)

스위스 치즈 슬라이스 4장

이 레시피는 뉴욕으로 떠나는 미식 여행이다! 러시안 드레싱을 올린 패스트라미와 옆에 곁들인 피클은 뉴욕의 상징적인 샌드위치다. 피클을 빵 대신 사용해 샌드위치에 풍부한 즙과 아삭아삭한 요소를 더한다. 이 샌드위치는 또한 저탄수 식이를 하는 친구들에게도 좋다!

만드는 법

1 각 피클의 속을 파낸다.

2 접시에 피클 반쪽 4개를 올리고 각각의 빈 속에 러시안 드레싱을 넣는다.

3 나머지 피클 반쪽 4개에 패스트라미, 스위스 치즈, 러시안 드레싱을 얹는다.

4 피클의 짝을 맞추어 샌드위치를 완성하고 맛있게 먹는다!

치킨 BLT*
샌드위치

재료

꽉꽉 채울 속재료!

베이컨 슬라이스(굽는다) 8개

상추(얇게 썬다)

토마토(얇게 썬다)

마무리 재료!

톰의 스리라차 케첩(122쪽 소스와 드레싱 참조)

닭가슴살(그릴에 구워 반을 가른다) 4개

블루 치즈(얇게 썬다, 4장) 225g

만드는 법

1 닭가슴살 반쪽 4개에 스리라차 케첩을 발라준다.

2 상추, 토마토, 블루 치즈, 베이컨을 얹는다.

3 닭가슴살 나머지 반쪽을 덮어 마무리하고 맛있게 먹는다!

 두 배로 만들면 맛도 두 배! 삶을 더 편하게 만들고 남은 것을 이용해 새로운 스타를 만들자! 닭고기를 구울 때 두 배로 굽자. 그런 후 절반은 냉동실에 넣었다가 바쁜 평일 어느 날 이 샌드위치를 만들면 된다! 또한 베이컨은 베이킹 시트에 올려 오븐에서 굽자. 이렇게 하면 균일하게 구울 수 있고 바삭해진다. 베이컨을 튀기느라 기름으로 엉망이 되는 일도 없다.

---

* 빵에 베이컨(bacon), 상추(lettuce), 토마토(tomato)를 넣어 만드는 샌드위치를 말한다. - 옮긴이

"균형 잡힌 식사란
양손에 쿠키를 하나씩 든 것이다.**"**

– 바바라 존슨

치즈 듬뿍, 구운 복숭아 샌드위치

재료

꽉꽉 채울 속재료!

프로슈토 슬라이스 4장

꿀 4큰술

마무리 재료!

복숭아(반으로 갈라 씨를 제거한다) 4개

올리브 오일, 소금, 후추 약간

고트 치즈 약 110g

꿀

흑후추 ¼작은술

민트(다진다) 1줌

만드는 법

1 오븐을 205℃로 예열한다.

2 복숭아의 자른 면에 붓으로 올리브 오일을 바르고 소금, 후추를 뿌려 간을 한다.

3 2의 복숭아를 자른 면이 아래로 가도록 해서 그릴 자국이 생길 때까지 1분 정도 굽는다.

4 프로슈토를 베이킹 시트에 놓고 예열된 오븐에서 15분간 또는 바삭해질 때까지 굽는다.

5 4의 프로슈토가 여전히 뜨거울 때 꿀 4큰술을 붓으로 바른다.

6 3의 복숭아 절단면이 위로 향하도록 놓고 샌드위치를 조합한다. 고트 치즈를 듬뿍 올리고 꿀을 뿌리고 흑후추를 추가한다. 그 위에 민트와 5의 프로슈토를 얹는다. 나머지 절반의 복숭아를 자른 면이 아래로 가도록 얹고 맛있게 먹는다!

완벽한 복숭아를 고르는 법! 복숭아는 단단할수록 신선하다. 살짝 부드러우면서도 여전히 단단한 복숭아를 원한다면 냄새를 맡았을 때 달콤한 향이 나야 한다.

파르메산 치즈 구운 가지 샌드위치

샌드위치 4개 분량

재료

꽉꽉 채울 속재료!

마리나라 소스(선호하는 것으로) 1병

바질(다진다) 10장

모차렐라 치즈 슬라이스 4장

마무리 재료!

밀가루 1컵

달걀 3개

빵가루 1컵

소금 3작은술

후추 3작은술

갈릭 파우더 3작은술

오레가노 3작은술

레드 페퍼 플레이크 3작은술

파르메산 치즈(강판에 간다) ¼컵

가지(작은 것)

만드는 법

1 밀가루, 달걀, 빵가루를 접시 3개에 각각 담는다.

2 각 접시에 소금, 후추, 갈릭 파우더, 오레가노, 레드 페퍼 프레이크를 각각 1작은술씩 넣고 간을 한다.

3 파르메산 치즈를 빵가루에 추가하고 잘 섞는다.

4 가지를 8조각으로 가로로 썰고 각 가지에 소금과 후추를 뿌린다.

5 각 가지 조각을 밀가루, 달걀, 빵가루 순으로 옷을 입힌다.

6 프라이팬에 기름을 0.6cm 높이까지 올라오도록 넣고 중불에서 약 2분간 또는 갈색이 날 때까지 5의 가지를 튀긴다.

7 갈색이 나면 가지를 프라이팬에서 건져내고 여전히 뜨거울 때 소금을 살짝 뿌린다.

8 가지 하나 위에 마리나라 소스 2큰술, 바질 약간, 모차렐라 치즈 1장을 올리고 또 다른 가지로 덮어 마무리해서 맛있게 먹는다!

 모든 것에 양념을 하자! 모든 층에 양념을 하면 한입 한입 베어 물면서 다 먹을 때까지 그 음식의 풍미를 즐길 수 있는 가능성이 커진다. 겉에만 양념을 하면 속은 밋밋한 맛이 난다. 이 규칙은 모든 요리에 적용할 수 있다!

인사이드 아웃 브렉퍼스트 샌드위치

샌드위치 4개 분량

재료

꽉꽉 채울 속재료!

버터 2큰술

달걀(믹싱볼에 넣고 풀어둔다) 7개

사워크림 넉넉한 1큰술

차이브(다진다) 1묶음

소금 1작은술

후추 1작은술

마무리 재료!

브렉퍼스트 소시지(패티 8개를 만든다)
680g

엑스트라 버진 올리브 오일 2큰술

톰의 스리라차 케첩(122쪽 소스와
드레싱 참조)

체다 치즈 슬라이스 4장

만드는 법

1 올리브 오일을 두른 프라이팬을 중간보다 강한 불에 올리고 소시지 패티를 한 면 당 4분씩 굽는다. 조리 후에는 키친 타올로 두드려 여분의 기름을 제거하고 한쪽에 둔다.

2 프라이팬의 기름기를 닦아내고 버터를 1큰술 넣고 약불에 달군다. 달걀을 넣고 촉촉한 스크램블 에그가 될 때까지 저으면서 약불에서 익힌다.

3 불을 끄고 사워크림, 차이브, 소금, 후추, 버터 1큰술을 넣는다. 잘 섞는다.

4 접시에 소시지 패티를 올린다. 패티에 스리라차 케첩을 바르고 그 위에 스크램블 에그와 체다 치즈 한 장을 얹는다. 그런 다음 케첩을 다른 소시지 패티 위에 바르고 이 패티를 샌드위치 위에 올린다. 브런치 만세!

완벽한 스크램블 에그를 만드는 꿀팁! 첫째, 달걀이 익을 때까지 소금은 넣지 않는다. 소금은 수분을 끌어내 달걀이 덜 푹신해지도록 만든다. 둘째, 약한 불에서 달걀을 익힌다. 센불에서 달걀을 익히면 달걀이 질기고 뻣뻣해진다. 달걀이 촉촉한 커드 치즈처럼 보이면 불을 끄고 달걀이 계속 익도록 둔다. 이렇게 만들면 달걀이 정말 부드러운 크림처럼 될 것이다!

스파이시 스시 샌드위치

재료

꽉꽉 채울 속재료!

마요네즈 ½컵

라임(즙으로) 1개

톰의 스리라차 케첩 2큰술
    (122쪽 소스와 드레싱 참조)

횟감용 참치 225g

소금 1작은술

후추 1작은술

쪽파(다진다) 2개

마무리 재료!

쪽파(곱게 다진다) 2개

초밥용 밥 또는 찹쌀로 지은 밥 3컵

쌀식초 2큰술

오이(얇게 썬다) 1개

참깨(볶은 것)

만드는 법

1 큰 믹싱볼에 마요네즈, 라임즙, 스리라차 케첩을 넣고 섞는다.

2 1의 믹싱볼에 참치, 소금, 후추, 다진 쪽파를 넣고 골고루 잘 섞는다.

3 2를 냉장고에 넣어 적어도 1시간 동안 재운 후 (약간 더 매운 맛을 원한다면) 스리라차 케첩을, 또는 (좀 더 크림처럼 부드러운 마무리를 원한다면) 마요네즈를 더 넣어도 된다.

4 곱게 다진 쪽파를 밥, 쌀식초와 함께 섞는다.

5 4로 패티 8장을 만들어 냉장고에 1시간에서 하룻밤 동안 넣어 둔다.

6 5의 패티 양면에 올리브유를 바르고 프라이팬에 중강불로 한 면당 3분씩 익혀준다.

7 불을 끄고 아래에 놓일 밥 패티에 얇게 썬 오이를 깔아주고 그 위에 3의 참치 믹스를 올린 후 볶은 참깨를 뿌린다. 오이를 더 올리고 밥 패티를 하나 더 얹는다. 그 위에 볶은 깨를 조금 더 뿌리고 맛있게 먹는다!

다양한 변주를 할 수 있다! 이 음식은 채식주의자 버전으로도 만들 수 있다! 매운 소스를 아보카도, 오이, 또 심지어는 샐러드 채소와 섞는다. 그리고 날 생선을 좋아하지 않으면 참치 대신 훈제연어를 사용해도 된다!

스파게트 번 &
미트볼 샌드위치

샌드위치 4개 분량

재료

꽉꽉 채울 속재료!

리코타 치즈 ½컵

바질(다진다) 10장

파슬리(다진다) 1줌

레드 페퍼 플레이크 1작은술

파르메산 치즈 슈레드 4큰술

오레가노 3작은술

소고기(다진 것) 900g

빵가루 ½컵

소금 2작은술

흑후추 1작은술

달걀 2개

마리나라 소스(선호하는 것으로) ½병

마무리 재료!

달걀 4개

스파게티(익혀서 식힌다) 450g

갈릭 파우더 1작은술

오레가노 1작은술

파르메산 치즈 슈레드 ¾컵

마리나라 소스(선호하는 것으로) ½병

바질 10장

이 레시피는 나의 '큰 꿈' 레시피 중 하나다! 내가 ChopHappy.com 사이트에 올리기 위해 만든 첫 번째 레시피다. 내가 뭔가에 대해 슬퍼하고 있던 몇 년 전, 톰과 나는 레이첼 레이가 여는 다음 요리책의 저자를 찾기 위한 경연대회 광고를 보게 되었다. 나를 격려하기 위해 톰은 내가 대회에 참가하도록 신청서를 접수했다. 이는 내가 진정으로 내 손으로 만든 최초의 레시피였다. 비록 우승하지는 못했지만 톱10에 들었고, 이것이 내 블로그의 시작이었다. 그래서 이 미트볼은 이제 나에게 '큰 꿈을 주는', '행운의', '무엇이든 가능한' 레시피라 할 수 있다! 모든 사람들이 큰 꿈을 가지기를 바란다! 모두에게 응원을 보낸다.

만드는 법

1 오븐을 215℃로 예열한다.

2 큰 믹싱볼에 리코타 치즈, 바질, 파슬리, 레드 페퍼 플레이크, 파르메산 치즈, 오레가노를 함께 넣고 섞는다.

3 여기에 소고기, 빵가루, 소금, 흑후추, 달걀 2개를 넣는다. 자주 사용하는 손의 반대손으로 모든 재료들을 섞는다. 이렇게 하면 과하게 섞는 것을 피할 수 있다.

4 3을 패티 4장으로 만들어 유산지를 깐 베이킹 시트 위에 올린다.

5 4를 20분간 구운 후 각 미트볼 위에 마리나라 소스를 몇 숟가락씩 얹고 추가로 15분간 구운 후 한쪽에 둔다.

6 달걀 4개를 함께 푼다.

7 식힌 스파게티면에 푼 달걀을 넣고 갈릭 파우더, 오레가노, 파르메산 치즈 ½컵, 마리나라 소스 2큰술을 넣는다.

8 프라이팬을 중간보다 강한 불에 올리고 쿠키 커터를 놓는다. 쿠키 커터에 기름 1작은술을 붓는다. 7의 스파게티 믹스를 8등분해서 쿠키 커터에 채우고 바삭해질 때까지 2분 동안 굽는다. 스파게티 믹스를 뒤집고 기름을 더 두른 후 반대 면도 2분 더 굽는다. 꺼내서 식힌다. 스파게티 번이 8개가 될 때까지 반복한다.

9 8의 스파게티 번에 5의 미트볼을 올린다. 마리나라 소스를 얹고 바질과 파마산 치즈를 뿌린 다음 또 다른 스파게티 번을 얹고 맛있게 먹는다!

에브리띵 베이글 새우 아보카도 샌드위치

샌드위치 4개 분량

재료

꼭꼭 채울 속재료!

생새우(껍질을 벗기고 내장을 제거한다)
  900g

엑스트라 버진 올리브 오일 3큰술

갈릭 파우더 1작은술

소금 1작은술

후추 1작은술

레몬(즙으로) ½개

마무리 재료!

아보카도 4개

레몬(즙으로) ½개

그릭 요거트 4큰술

고수(다진다) 4작은술

에브리띵 베이글 시즈닝 3큰술

만드는 법

1 오븐을 205℃로 예열한다.

2 베이킹 시트에 새우, 올리브 오일, 갈릭 파우더, 소금, 후추를 넣고 섞는다.

3 다 섞은 2의 새우 믹스는 되도록 넓게 펴서 10분간 오븐에 굽는다. 참고: 새우는 뒤집지 않아도 된다.

4 오븐에서 새우를 꺼내고 레몬즙을 짜서 올린다. 잘 섞은 후 한쪽에 두고 식힌다.

5 아보카도는 긴 방향으로 반으로 잘라 씨와 껍질을 제거하고 레몬즙을 발라서 과육이 갈변하는 것을 방지한다.

6 반으로 자른 아보카도 4개에 그릭 요거트 1큰술을 넣는다. 4의 새우를 한 국자 떠서 넣고 고수를 올린 후 남은 아보카도 반쪽으로 덮는다.

7 아보카도 윗면에 에브리띵 베이글 시즈닝을 뿌리고 가볍게 눌러 아보카도에 시즈닝이 붙도록 한다. 맛있게 먹는다!

6

소스와 드레싱

직접 만든 나만의 소스와 드레싱은 오호라, 인생을
바꾸는 맛이다! 나만의 소스와 드레싱은 우리의 샌
드위치에 비치는 요리계의 햇살과도 같으며 만들기
도 쉽다!

홈메이드 팬트리 케첩

재료

토마토 페이스트 통조림 2캔
　(1캔당 170g)

갈릭 파우더 ½작은술

오레가노 ½작은술

소금 ½작은술

후추 ½작은술

사과 식초 2작은술

만드는 법

1　모든 재료를 함께 섞는다.

2　맛있게 사용한다!

톰의 스리라차 케첩

재료

홈메이드 팬트리 케첩(위 레시피 참조)
　½컵

스리라차 1큰술

레몬(즙으로) ½개

갈릭 파우더 1작은술

꿀 1작은술

만드는 법

1　모든 재료를 함께 섞는다. 참고: 케첩 농도가 더 묽기를 원한다면 물을 2큰술 추가한다.

2　맛있게 사용한다!

골드스타인 여사의
러시안 드레싱

1과 ¾컵 분량

재료

마요네즈 1컵

케첩 ½컵

곱게 다진 피클 1큰술

피클용액 1큰술

호스래디시 2작은술

우스터 소스 1작은술

양파(강판에 간다) 1큰술

후추 1작은술

갈릭 파우더 1작은술

만드는 법

1   모든 재료를 함께 섞는다. 참고: 더 매끄러
    운 질감을 원할 경우 재료들을 블렌더에
    모두 넣고 돌려도 된다.

2   사용하기 전에 최소 30분 정도는 냉장고
    에서 차게 보관한다.

비트 케첩

¾컵 분량

재료

비트(큰 것, 익힌다) 4개

갈릭 파우더 ½작은술

딜 2큰술

오레가노 ½작은술

소금 ½작은술

후추 ½작은술

사과 식초 2작은술

레몬(즙으로) ½개

만드는 법

1 모든 재료들을 블렌더에 넣고 매끈해질 때까지 돌린다.

2 맛있게 사용한다!

조리하지 않은 바비큐 소스

⅔컵 분량

재료

케첩 ½컵

디종 머스터드 ½큰술

흑설탕 1큰술

사과 식초 2작은술

칠리 시즈닝 또는 타코 시즈닝
  1작은술

소금 1작은술

후추 1작은술

만드는 법

1   모든 재료를 함께 섞는다.

2   맛있게 사용한다!

버거 소스

1컵 분량

재료

마요네즈 ½컵

케첩 ½컵

다진 할리피뇨 피클 1큰술

디종 머스터드 1작은술

만드는 법

1   모든 재료를 함께 섞는다.

2   맛있게 사용한다!

디종 허니 머스터드

재료

디종 머스터드 ½컵

꿀 ½컵

사과 식초 1작은술

소금 ½작은술

만드는 법

1 모든 재료를 함께 섞는다.

2 맛있게 즐긴다!

루꼴라 페스토

1과 ¾컵 분량

재료

마늘 1쪽

피스타치오(껍질을 제거한 것) ¼컵

루꼴라 2컵

바질 15장

소금 1작은술

후추 1작은술

레드 와인 식초 1작은술

파르메산 치즈 슈레드 ½컵

레몬(즙으로) ½개

엑스트라 버진 올리브 오일 ½컵

만드는 법

1 마늘과 피스타치오를 블렌더에 넣고 입자 감이 느껴질 정도로 펄스 모드로 끊어가며 돌린다.

2 여기에 루꼴라, 바질, 소금, 후추, 레드 와인 식초, 파르메산 치즈, 레몬즙을 넣는다.

3 블렌더를 켠 상태로 올리브 오일을 천천히 넣는다. 모든 재료가 섞일 때까지 펄스 모드로 끊어가며 돌린다. 맛있게 사용한다!

블루 치즈 드레싱

재료

블루 치즈(부순다) ¼컵

마늘(큰 것, 강판에 간다) 1쪽

파슬리(다진다) 1줌

딜(다진다) 1줌보다 적게

레몬 제스트 1개

레몬(즙으로) ½개

쪽파(다진다) 3개

그릭 요거트 1컵

소금 넉넉히 한 꼬집

후추 넉넉히 한 꼬집

만드는 법

1 모든 재료를 믹싱볼에 넣고 함께 섞는다.

2 맛있게 사용한다! 참고: 최상의 결과를 위해 이 드레싱은 1시간에서 하룻밤 정도 재워 둔다.

엑스트라 크리미 홈메이드 마요네즈

1과 ½컵 분량

재료

달걀노른자(상온에 둔 것) 3개

디종 머스터드 1작은술

레몬(즙으로) ½개

올리브 오일 1과 ¼컵

소금 1작은술

후추 1작은술

갈릭 파우더 1작은술

사과 식초 1작은술

만드는 법

1 달걀노른자, 머스터드, 레몬즙을 푸드 프로세서에 넣는다.

2 푸드 프로세서를 켜고 천천히 올리브 오일을 넣는다.

3 질감이 걸쭉하고 크림처럼 부드러워지면 나머지 재료를 넣고 펄스 모드로 끊어가며 혼합한다. 맛있게 사용한다!